装配式倒置T型钢-混凝土组合空腹夹层板楼盖研究

郭 钰 著

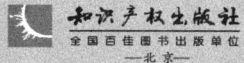

知识产权出版社
全国百佳图书出版单位
—北京—

图书在版编目（CIP）数据

装配式倒置 T 型钢-混凝土组合空腹夹层板楼盖研究 / 郭钰著. --北京：知识产权出版社，2025.8. — ISBN 978－7－5245－0055－1

Ⅰ.TU375.2

中国国家版本馆 CIP 数据核字第 2025QB5478 号

内容简介

本书介绍了空腹夹层板楼盖结构的发展历程，提出了倒置 T 型钢-混凝土组合空腹夹层板楼盖结构，是对空腹夹层板楼盖结构体系的发展和创新。书中对这种楼盖结构的工业化生产流程做了探索，通过静力和动力试验验证了该种结构的可靠性和适用性，给出了简化的承载力设计方法，并通过工程实例将其与传统钢框架结构进行对比分析，揭示其良好的经济性和力学性能，表明其具有良好的应用前景。

本书可为高校建筑工程专业装配式建筑方向的师生和工程设计人员提供启示和参考。

责任编辑：张雪梅　　　　　　　　　责任印制：孙婷婷
封面设计：曹　来

装配式倒置 T 型钢-混凝土组合空腹夹层板楼盖研究
ZHUANGPEISHI DAOZHI T－XING GANG－HUNNINGTU ZUHE KONGFU JIACENGBAN LOUGAI YANJIU

郭　钰　著

出版发行：知识产权出版社有限责任公司	网　　址：http://www.ipph.cn
电　　话：010－82004826	http://www.laichushu.com
社　　址：北京市海淀区气象路 50 号院	邮　　编：100081
责编电话：010－82000860 转 8171	责编邮箱：laichushu@cnipr.com
发行电话：010－82000860 转 8101	发行传真：010－82000893
印　　刷：北京中献拓方科技发展有限公司	经　　销：新华书店、各大网上书店及相关专业书店
开　　本：720mm×1000mm　1/16	印　　张：10.5
版　　次：2025 年 8 月第 1 版	印　　次：2025 年 8 月第 1 次印刷
字　　数：176 千字	定　　价：69.00 元
ISBN 978－7－5245－0055－1	

出版权专有　侵权必究

如有印装质量问题，本社负责调换。

前　　言

近年来，随着国民经济的快速发展，建筑行业传统的粗放式生产模式已经无法适应行业发展的需求。为推进建筑行业产业化发展，发展装配式建筑成为建筑行业产业升级的关键。为促进装配式建筑技术发展，国家出台了一系列的政策和措施，推动装配式建筑进入了发展的快车道。在传统的装配式混凝土结构建筑发展缓慢、成本居高不下的情况下，发展装配式钢网格盒式结构对于新型结构体系的开拓和创新、降低施工和建造的成本、实现土地资源高效利用具有重要意义。

本书是笔者对装配式组合空腹夹层板楼盖结构近十年来研究成果的总结。笔者在传统钢空腹夹层板楼盖结构工程实践的基础上提出了一种新型装配式倒置 T 型钢-混凝土组合空腹夹层板楼盖结构。该种结构解决了传统高层钢结构楼盖中楼盖厚度较大、管线穿越困难、装配效率较低、振动安全等问题。该种结构具有以下优点：采用模块化设计、工业化生产模式，具有更高的装配率，对于缩短施工周期和降低建设成本具有重要意义；通过工业化生产，可大幅度减少现场作业量，减少噪声污染和环境污染，实现节能降耗，是一种绿色环保的建筑结构；在中小跨度的高层建筑中，在满足空腹净空管线布置高度的同时，可进一步减小楼盖厚度，降低标准层层高，在限定的建筑设计标高内实现更多标准楼层的建造，增加建筑使用面积。因该种楼盖结构为首次提出，笔者对其开展了整体的静力承载力试验和动力性能测试，成果汇集在本书中。

全书共六章，主要内容包括：空腹夹层板楼盖结构的发展历程、装配式倒置 T 型钢-混凝土组合空腹夹层板楼盖的连续化分析理论、楼盖结构的静力试验与有限元分析、塑性理论条件下的承载力设计方法、试验模型的动力特性测试和分析、基于工程案例评价结构的抗侧性能和经济性，并从宏观层面对该种结构的安全性、可靠性、实用性进行了验证。

本书中开展的试验均在贵州省结构重点实验室完成，相关研究工作得到了马克俭院士、任青山教授及刘卓群、余芳和魏艳辉博士等一批团队成员的全力支持，他们在本书研究工作的试验经费支持、理论分析、试验研究等工作中给笔者提供了大量帮助。本书的出版得到了灾害遥感防治贵州省院士创新团队工作站（黔科合平台KXJZ［2024］006）、2025年贵州省基础研究计划（自然科学）面上项目"装配式倒置T型钢-混凝土组合空腹梁承载力试验与理论研究"（黔科合基础-MS［2025］面上048）、贵州省教育厅项目"贵州工业（农业、服务业）产业绿色转型升级研究"（2024RW310）等科研项目和平台的资助。在此，笔者谨向为本书研究工作提供帮助的各位教授、博士和贵州省结构重点实验室等单位表示诚挚的感谢！

需要指出的是，装配式倒置T型钢-混凝土组合空腹夹层板楼盖结构是一种新型组合楼盖结构，当前只完成了该种楼盖结构的空腹夹层板理论、整体模型的静力和动力性能研究，相关研究工作还需要进一步深入开展。希望本书的出版对推动新型楼盖结构体系的创新、新型楼盖计算和设计理论的发展起到一定的作用，为装配式倒置T型钢-混凝土组合空腹夹层板楼盖结构的推广和应用做前瞻性探索。

目 录

第1章 绪 论 ·· 1
    1.1 研究背景 ··· 1
    1.2 传统钢空腹夹层板盒式结构的提出和工程实践 ······················ 3
    1.3 钢空腹楼盖的研究现状 ··· 11
    1.4 装配式倒置 T 型钢-混凝土组合空腹楼盖 ····························· 16
    1.5 主要内容 ·· 17

第2章 装配式倒置 T 型钢-混凝土组合空腹夹层板楼盖基本分析方法 ······ 21
    2.1 引言 ·· 21
    2.2 倒置 T 型钢-混凝土组合空腹夹层板楼盖连续化分析 ·············· 21
    2.3 验证计算 ·· 39
    2.4 小结 ·· 47

第3章 装配式倒置 T 型钢-混凝土组合空腹夹层板楼盖静力试验和理论分析 ······ 48
    3.1 引言 ·· 48
    3.2 楼盖整体试验装置及加载方案 ··· 48
    3.3 楼盖试验结果与分析 ·· 59
    3.4 有限元分析 ·· 68
    3.5 组合空腹楼盖的设计原理和方法 ······································ 81
    3.6 小结 ·· 90

第4章 装配式倒置 T 型钢-混凝土组合空腹夹层板楼盖自振特征、舒适度试验与性能研究 ······ 92
    4.1 引言 ·· 92

4.2 模态分析基本原理 ································· 93
4.3 测试项目 ····································· 98
4.4 模态有限元验证 ································· 102
4.5 楼盖舒适度动力特征测试 ···························· 106
4.6 行人荷载作用下的动态试验结果分析 ······················ 112
4.7 行人荷载下的数值分析 ······························ 115
4.8 楼盖舒适度评价 ································· 120
4.9 小结 ······································· 128

第 5 章 装配式倒置 T 型钢-混凝土组合空腹夹层板盒式结构与钢框架
结构对比分析 ···································· **130**
5.1 引言 ······································· 130
5.2 装配式倒置 T 型钢-混凝土组合空腹夹层板盒式结构
拟建工程实践 ··································· 130
5.3 多遇地震下的计算结果对比分析 ························ 140
5.4 小结 ······································· 147

第 6 章 结论与展望 ································· **149**
6.1 结论及建议 ···································· 149
6.2 展望 ······································· 150

参考文献 ······································ **152**

第1章 绪 论

1.1 研究背景

随着建筑行业的深入发展,资源紧缺的问题越来突出,传统现场作业的粗放式生产模式已经难以为继,无法适应建筑行业绿色、节能、降耗、充分利用土地的发展要求。

2013年11月7日全国政协在北京召开第二次协商座谈会,围绕"建筑产业化"进行协商座谈,广泛征求政协委员和专家关于我国建筑产业化等方面的意见,在节能降耗、提高效率、降低污染等方面达成共识,确定通过设计标准化、生产工业化、部件通用化、运作机械化、施工装配化等措施推进建筑产业化。2014年5月22日国土资源部颁布了第61号国土资源部令《节约集约利用土地规定》,旨在通过推动规模引导、布局优化、市场配置等措施达到减少土地使用、优化和合理利用土地、提高土地利用强度和效率的目的。由此可见,建筑产业化的发展势在必行,只有按照产业化的发展目标,才能推动建筑向着精细化、现代化的发展方向前进。

住房和城乡建设部为推进建筑产业化的快速发展,实施了以发展装配式建筑为目标,推进建筑产业化的发展蓝图,联合多个部门在国家层面出台了一系列的政策和措施推动装配式建筑的发展。2016年2月中共中央 国务院发布了《关于进一步加强城市规划建设管理工作的若干意见》和国务院《关于深入推进新型城镇化建设的若干意见》,其中提到大力推广装配式建筑、建设国家级装配式建筑的生产基地,并设定了未来十年装配式建筑占新建建筑的30%的目标,要求积极推广绿色新型建材、装配式建筑和钢结构建筑。同年9月国务院颁布了《国务院办公厅关于大力发展装配式建筑的指导意见》,要求大力推广装配式混凝土和钢结构建筑,不断提高装配式建筑在新建建筑中的比例。2017年4月

《建筑业发展"十三五"规划》发布，确定了到2020年装配式建筑的比例达到15%，绿色建筑占新建建筑的50%的新目标。2021年3月住房和城乡建设部印发了《关于2020年度全国装配式建筑发展情况通报》，数据表明2020年全国装配式建筑规模达到6.3亿平方米，相比上年增长50%，占比创新高，达到20.5%，可见装配式建筑正在如火如荼地按照发展规划广泛推进。同年，住建部等七个部门出台了《"十四五"建筑节能和绿色建筑发展规划》，要求在"十四五"期间大力提升绿色建筑发展质量，大力发展钢结构等装配式建筑，提升建造水平。可见，装配式建筑正从早期扩大推广规模向提高发展质量，注重绿色发展，成体系化、规模化、信息化生产的发展平台迈进，装配式建筑进入了新的发展阶段。2021年10月，国务院发布《2030年前碳达峰行动方案》，要求大力发展装配式建筑，大力推广钢结构住宅。同年发布的《中共中央 国务院关于完整准确全面贯彻新发展理念做好碳达峰碳中和工作的意见》中，目标指向了发展节能低碳建筑，对于建筑的节能降耗标准提出了更高的要求，要求加快新标准的制定和出台，加快推进超低能耗、近零能耗、低碳建筑规模化发展。

近几年来，在国家政策的影响和引导下，我国装配式建筑发展迅速，装配式建筑的装配化率不断提升，科技含量不断提高，相关政策也从宏观层面的建议开始落实到具体的实施方针，变得更为具体和细致。装配式建筑进入了关键技术研发的新阶段，建筑从业人员面临新的挑战。新型装配式钢结构建筑以节能环保、施工速度快等优势兴起。相比混凝土建筑，其具有自重轻、延性好、能减轻地震波对高层建筑的破坏等优点，在高层建筑中具有明显的发展优势，走在了行业的前头。

为响应国家"创新驱动发展"的号召，贵州大学马克俭院士结合我国的基本国情和经济发展的需求，在2007年创新性和前瞻性地提出了装配式钢网格盒式结构，并结合"产、学、研"发展路线，针对钢空腹夹层板这种新的空间结构体系展开了一系列研究和工程实践。经过十多年的发展，钢网格盒式结构已经在贵州、湖南、四川等多个省份推广开来，在多层大跨度的工业建筑和公共建筑中取得了良好的工程效果和社会经济效益。然而，目前在高层民用建筑中还没有应用该种结构的代表性工程实例。发展钢网格盒式结构，衍生出新的结构形式，使其在高层建筑中得到很好的应用，显得尤为重要。

在小高层（$24m < H < 50m$，H为建筑的设计高度）及高层（$50m < H \leq 100m$）钢结构住宅和写字楼的楼盖中，平面上常设计跨度或进深在8~15m，若

采用传统的钢结构体系（框架、框剪或框筒结构），为了美观，楼盖上的分隔墙通常按"有墙必设梁"的原则布置，建筑空间使用功能单一，达不到功能自由划分、墙体自由移动的要求。此外，传统的混凝土楼板上还需挖槽设置室内线管，写字楼的自动喷淋系统在楼盖底部还需要设置专用的吊顶空间，导致楼盖厚度增加，层高加大。2007年装配式T型钢空腹夹层板楼盖结构问世后，虽然在一定程度上解决了上述不足，但从高质量发展要求角度看，仍有以下不足：①预制混凝土楼面板搁置于T型钢上弦翼缘，采用栓钉连接，增加了楼板厚度（80～100mm），仍然会导致层高加大；②现浇楼盖体系仍然避免不了现场必要的施工环节，楼盖施工周期较长，交付时间相对较长；③钢筋混凝土楼面板通过栓钉与T型钢上肋抗剪连接，其组合作用效果相比嵌入式上肋抗剪连接较差。此外，由于在设计时未考虑表层混凝土板的组合作用，上肋型钢的应力水平较低，无法充分利用型钢的强度，存在一定的材料浪费。为了克服上述不足，在保持传统钢空腹夹层板楼盖优良特性的前提下，为既减小楼盖厚度又考虑组合作用，提出装配式倒置T型钢-混凝土组合空腹夹层板新型楼盖结构，为其在盒式结构中的应用做前瞻性研究。

1.2 传统钢空腹夹层板盒式结构的提出和工程实践

1.2.1 装配式钢空腹夹层板盒式结构的提出

随着土地资源日趋紧张，建筑结构逐渐向着高层大跨度方向发展。其中，钢-混凝土组合结构楼盖以其合理的受力特点在建筑结构中得到了广泛应用，取得了良好的使用效果[1-3]。但是传统的组合楼盖结构不便于管道设备铺设，影响结构净空，而且此类结构存在构件截面尺寸大、装配化程度和施工效率低等问题。

为解决上述问题，国内外很多专家学者提出采用钢梁腹板开洞［图1.1(a)］或者蜂窝梁［图1.1(b)］[4-8]，并针对钢梁腹板开洞和多种形式蜂窝梁的受力性能、设计理论及补强措施进行了深入系统的研究，取得了丰硕的研究成果[9-17]。尽管多个国家和地区的规范和行业协会给出了钢梁腹板开孔的设计、构造要求，但采用钢梁腹板开孔以供设备管线通过的方式具有随机性，很难有效提升结构施工装配率，而且钢梁腹板开孔需额外补强[18-24]。而蜂窝梁截面尺寸不够灵活，使用场景受到较大限制。采用平面桁架结构也存在一些问题：①楼盖的厚度通常为跨度的 1/18～1/15，虽然可实现较大跨度，但由于其单向受力特征，楼盖厚度过多地占用建筑高度；②桁架内部的斜向腹杆对于管线的布置尤为不利，无法提供规则的空腹通道供管线布置，后期固定和维护措施均较为复杂。

（a）钢梁腹板开洞　　　　　　　　　　（b）蜂窝梁

图 1.1　空腹梁的工程案例

基于上述背景，笔者所在的团队 2007 年提出了由装配式钢网格单元和上层混凝土板组成的钢空腹夹层板楼盖（steel-concrete open-web floor，SOF）结构，即装配整体式空间钢网格楼盖体系。将平钢空腹钢网格楼盖结构与周边的竖向密柱形成的竖向钢网格墙架两部分垂直相交，形成装配式钢空腹夹层板盒式结构，如图 1.2 所示。其中，水平的钢网格装配式单元在工厂预制，并在现场通过高强螺栓连接，施工便捷。表层混凝土板与钢网格通过栓钉连接，具有一定的组合效应，提升了结构的抗弯刚度。从局部来看，水平离间式上下肋垂直相交，形成双向贯通的空腹，内部空腹可通过设备管道，同时无需在楼盖结构底部额外增加吊顶厚度，降低了设备管线占用的高度，取得了良好的使用效果，如图 1.3 所示。

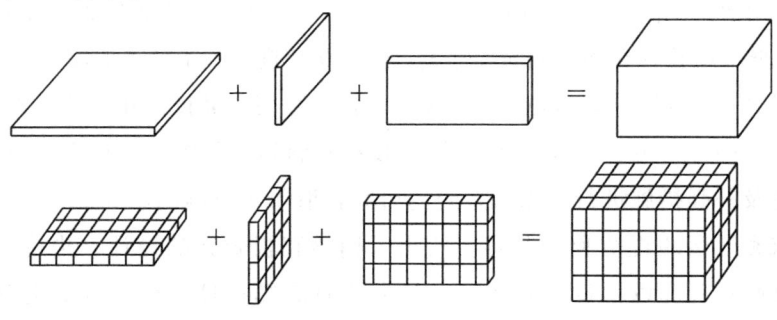

图 1.2　盒式结构的基本构造

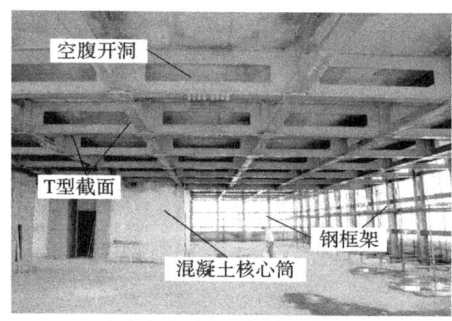

(a)钢空腹夹层板楼盖内部视角

(b)钢空腹夹层板楼盖装配化施工

(c)适用于框架结构

图1.3 应用传统钢空腹夹层板楼盖结构的工程实例

1.2.2 装配式钢空腹夹层板盒式结构的构造

盒式结构的水平钢空腹网格板一般由上下肋离间式布置，分上、下两层，如图1.3所示。钢空腹夹层板的上、下肋多采用T型钢或H型钢制作，每层钢网格的肋沿水平两个方向垂直正交。上下肋之间一般采用竖向布置的方钢管（剪力键）连接，方钢管内部采用横隔板焊接填充，保证上、下肋水平作用力连续传递。表层钢筋混凝土楼板通过焊接在翼缘上表面的栓钉与上肋型钢完全抗剪连接，混凝土板现场浇筑。从受力特征的角度看，T型钢-混凝土组合空腹楼盖（图1.4）是高层盒式结构的水平受力结构体系，在跨中无支撑柱的条件下，主要承受来自楼盖或屋面的竖向荷载作用。空间钢网格墙架为盒式结构的竖向受力体系，主要承受从水平空腹梁传递来的轴力及来自侧向的风和地震等水平荷载作用产生的弯矩和剪力。

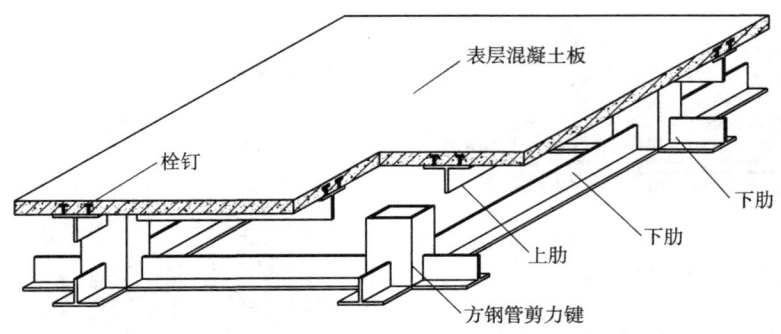

图1.4 钢空腹夹层板楼盖

盒式结构竖向网格式墙架一般为单层网格,如图1.5所示。其力学模型可以看作在结构竖向平面内放置的单层钢网格,单向的网格式墙架是楼层的抗侧力体系,具有面内抗侧刚度大的特征,但是面外如果没有水平楼盖约束,其刚度较小。因此,将双向形成的网格板在角柱处垂直相交连接,同时在水平方向加入钢空腹楼盖的约束作用,形成周边双向抗侧的盒式结构受力体系。同时,由于在层高处周边竖向钢网格与水平钢网格协同作用,构成了大开间的内部使用空间,形成一种三维受力的空间结构体系。

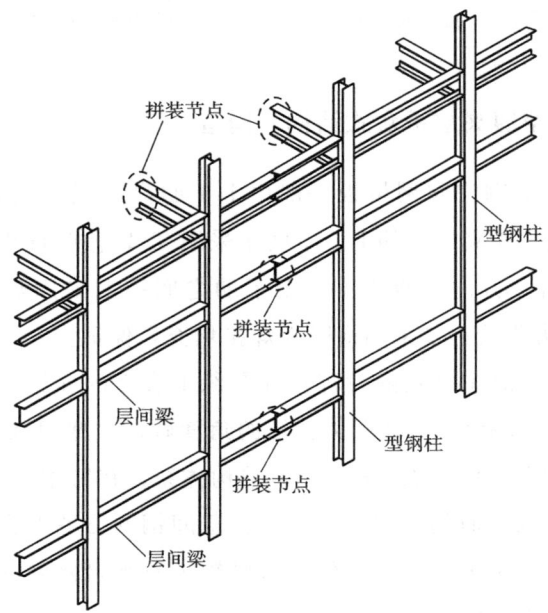

图1.5 周边网格式墙架

在空间网格盒式结构的竖向受力体系中，周边密柱与层间梁形成的高层建筑抗侧力体系具有良好的抗侧刚度。相比于传统框架结构（结构受力简图如图1.6所示），其在每层多道层间梁的作用下对周边密柱形成刚性连接好的约束，在水平力作用下，改善了网格式墙架中单个构件的受力峰值，使其受力分布比传统框架结构更为均匀（图1.7）。在充分利用材料截面强度和与普通框架结构具有相同抗侧刚度的前提下，盒式结构可进一步缩小柱子截面面积，有利于节省材料。

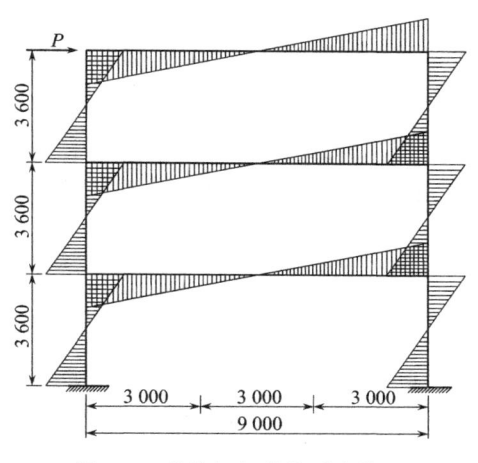

图1.6　传统框架结构受力简图　　图1.7　网格式墙架受力简图

在空间网格盒式结构的水平受力体系中，上肋型钢与剪力键垂直连接，形成双向受力的网格结构，相比于普通钢框架结构或平面桁架的单向受力体系，其楼盖刚度增大，可以在相同结构高度情况下实现更大的跨度，或在特定的楼盖跨度和厚度下减小上、下肋的截面尺寸。在荷载作用下，处在正弯矩区的钢空腹夹层板，下弦型钢主要处于拉弯的状态，上弦的混凝土板与T型钢组成的上肋处于压弯的受力状态，而连接上下弦的方钢管剪力键主要受到水平方向的剪力及局部弯矩的作用。处在柱头或边框位置的空腹夹层板楼盖，上下肋受力特征与正弯矩区相反，并承受楼盖的竖向剪力作用，因此柱头网格部分区域须通过设置加劲板形成实腹梁，提高竖向抗剪刚度。

通过对钢空腹夹层板盒式结构受力特征的分析可知，双向受力特征使得钢空腹夹层板楼盖可以实现更大的跨度。该种楼盖结构可以实现室内无梁无柱、空间灵活划分，并且将建筑装饰、设备管线布置与结构布局有机融合，做到实用美观；在结构的施工上，钢构件在设计阶段完成模块放样，在工厂针对各种单元模块完成定制加工，通过公路网快速运输到工地现场，只需要较少的支撑即可完成结构的起吊和拼装，简化了施工流程，具有广阔的应用范围和前景。

装配式钢空腹夹层板盒式结构主要有以下几个特点：

1）取消了常规框架结构中的框架柱，而采用网格式墙架作为竖向承重体系，具有良好的抗侧刚度。

2）所有竖向承重网格墙和水平楼盖钢网格通过深化设计完成单元划分和放样，以拼装单元形式在工厂预制，完成焊接作业。拼装单元运输到工地现场后采用高强螺栓连接，减少了现场的焊接作业量，提高了施工效率，保证了焊缝质量。

3）全装配式施工流程提高了施工速度，利于促进安全文明施工。

4）同样设计条件下新型结构的用钢量相比传统的钢框架结构节约15%～20%。

1.2.3 空间钢网格盒式结构工程实践

空间钢网格盒式结构从提出以来，经过十多年的发展，已经在贵州、湖南、四川等地相继推广开来，相关工程项目相继建成并投入使用，创造了很好的经济效益和社会效益。

2006年贵阳一中金阳校区体育馆项目如图1.8所示。体育馆平面为椭圆形，上下两层，建筑面积12 831m^2。一层为游泳馆，二层为篮球馆。原结构设计方案采用沿短跨方向布置11榀H型钢主梁，梁高为2.5m，次梁采用H型钢，表层铺设压型钢板，浇筑120mm混凝土。考虑到施工工期及施工难度，新结构方案采用正交正放的组合空腹楼盖设计，楼盖结构厚度为1 600mm，下弦主、次受力方向分别采用700mm和500mm的H型钢，下弦通过方钢管剪力键与表层混凝土抗剪键连接，剪力键尺寸为500mm×500mm，厚度采用了18mm和16mm两种规格，结构跨度高达33m。应用新型结构比原钢桁架的设计方案节省了18%的用钢量，造价减少40%，缩短工期两个月以上，取得了良好的经济效益。

四川绵阳富乐学校体育馆项目如图1.9所示。该建筑建筑总高度为21.6m，其中一层为标准游泳池赛道和短道游泳池，二层为标准室内篮球场，局部二、三层为健身房；二层楼盖最大跨度为36m，楼盖面积为36×60=2 160（m^2），

(a)施工现场　　　　　　　　　(b)体育馆建成后实景

图 1.8　贵阳一中金阳校区体育馆项目

属于窄长形平面，周边柱距为 4m，楼盖采用正交斜方的钢空腹夹层板方案，网格尺寸为 2.828m×2.828m；一侧的局部健身房区域跨度为 18m，局部二、三层楼盖面积为 2×18×56＝2 016（m²），网格尺寸为 4.0m×3.0m，采用正交正放布置的钢空腹夹层板楼盖，周边为网格式墙架，组成钢空腹夹层板盒式结构。

(a)体育馆施工现场　　　　　　　　　(b)体育馆标准游泳池实景

图 1.9　四川绵阳富乐学校体育馆项目

图 1.10 所示为湖南湘潭九华创新创业服务中心多层厂房项目，建筑共计四层，首层层高为 8.7m，其余楼层层高均为 4.5m，总建筑高度为 22.2m，属于轻工业类生产厂房，带有办公类用途。建筑长度为 87m，跨度为 24m，属于窄长形平面，采用了正交斜方的钢空腹夹层板盒式结构。将原规划的多栋单层厂房叠合在一起，既降低了建造的成本，又减少了用地消耗，实现了对土地资源的节约利用，创造了良好的经济和社会效益。

图 1.11 所示为江西九江庐山西海风景区西海舰队球类运动中心项目。该中心共四层，局部五层，建筑造型按辽宁舰的造型以 1∶1 的比例设计而成。结构上共分三段，即舰首、舰中、舰尾三段，结构总长度为 292m，宽度为 32m，最

图 1.10　湖南湘潭九华创新创业服务中心多层厂房项目

大悬挑 14m。在该建筑的结构平面设计中，舰首、舰中、舰尾部均采用了钢空腹夹层板楼盖结构，其中舰中及舰尾钢空腹夹层板屋盖尺寸为 32m×67m（中部）和 29.6m×40m（尾部），楼盖钢结构的厚度为 1.6m。钢空腹夹层板楼盖与原采用 3.1m 高的平面组合桁架的楼盖结构方案相比，减小了楼盖结构厚度，高标准地满足了室内球场的净空要求，同时降低了工程造价。

（a）施工现场　　　　　　　　　　（b）中心外景图

图 1.11　西海舰队球类运动中心项目

除此之外，空间钢网格盒式结构还应用于贵阳市凯宾斯基酒店宴会厅楼盖、唐山建华科技发展有限责任公司总部大楼、湖南湘潭市金海钢结构股份有限公司交流楼、贵州大自然科技有限公司厂房、中国五冶（成都）建筑科技产业园食堂项目等一系列民用和工业建筑中，创造了良好的经济效益，受到业主方的好评。在持续推广钢网格盒式结构的过程中，马克俭院士团队总结了一套有效的施工方法和施工工艺，并已申请发明专利（ZL01210144573.6）和多项实用新型专利（ZL202122966307.5、ZL202122946895.6 和 CN203334552U）。同时，一大批科研工作者对钢空腹夹层板盒式结构展开了深入的理论研究，奠定了理论基础。

1.3　钢空腹楼盖的研究现状

20世纪80年代，英国著名工程师库比克（Kubik）研发了钢空腹网架[25]。该结构属于一种各个面不含三角形网格的空间结构受力体系，靠框架间的作用来抵抗荷载，无斜腹杆，因此其抗剪刚度有限。该结构的弦杆和竖杆除了受轴力作用外还要承受弯矩和剪力，变形特征属于剪切型变形，可实现工厂化生产，在反弯点处现场拼装，提高了施工效率。

随着技术的革新，为了克服钢空腹网架抗剪刚度差的缺点，1995年马克俭教授提出了"钢筋混凝土空腹夹层板楼盖结构"这一新型空间网格结构，并在贵州工业大学工业设计楼工程中首次得到应用，之后在实践中推广开来，产生了良好的经济效益和社会效益[26]。

在工程实践过程中，考虑到混凝土空腹夹层板的施工周期较长及框架结构的梁板结构较难施工，1999年马克俭教授等提出了新的钢空腹夹层板结构体系[27]。其属于抗剪刚度较大但为有限抗剪刚度的"夹心板"，结构空腹内部短柱连接上下弦型钢，提高了抗剪刚度，减小了剪切变形的影响。

2003年，张华刚、黄勇等结合工程实际，首次将钢空腹夹层板结构应用于夹层改造的项目中，并将空调设备管线内置于楼盖空腹部分，不仅避免了设备管线占用室内净空的问题，而且有效降低了夹层自重[28]。实践表明，钢空腹夹层板楼盖结构具有自重轻、跨度大、结构高度小、施工速度快等优点，具有良好的应用前景。

2004年，黄勇等提出了组合空腹夹层板架楼盖结构[29,30]。这种结构主要由表层混凝土板充当受压上弦，混凝土现浇板通过竖向方钢管顶部的抗剪键形成连接节点，下肋主要是型钢梁作为受拉构件。他建立了空间壳单元结构模型，验证了结构的可行性，研究了上弦带有抗剪键的组合节点区域的变形特征和应力分布规律。同年，黄勇对某中学多层大跨度体育馆项目中钢空腹夹层板结构进行改进，将该种结构命名为四边简支空腹板架结构。该楼盖采用H型钢下肋、方钢管剪力键及上层混凝土板形成空间结构体系协同受力。黄勇等对该种结构的受力性能进行了现场测试，验证了其可靠性，实现了大跨度楼盖的首次使用。由于该种结构上部采用混凝土薄板，受拉性能较差，只适用于简支边界条件。同时，该种结构存在结构挠度偏大、混凝土现浇工作量大，需要满堂脚手架支撑及装配率较低等问题。

2005年开始，组合空腹楼板结构应用范围逐渐扩大，出现在各类公共建筑及工业建筑中[31,32]。实际项目中更多地采用了壳单元模拟表层混凝土板，以空间梁单元模拟上下两层钢肋，建立混合有限元模型进行验证计算与分析，并在项目完工后通过现场原位静力加载试验获得挠度的变化规律，结果表明此种结构具有良好的抗弯曲变形能力和承载力安全储备。一些项目还现场测试了结构自由振动的基本频率，用来评估其舒适度，测试结果满足各种工况下的适用条件。

2006年，随着相关研究的深入，对组合空腹楼板的研究从空腹夹层板楼盖的宏观受力特征研究开始转到结构局部受力构件的研究。贵州大学以三个具有相同外形尺寸和厚度的方钢管用不同规格尺寸的加劲板组成不同刚度的剪力键为试件，对剪力键竖向构件采用作动器进行了水平低频反复荷载作用下的拟静力试验，研究了方钢管剪力键的滞回曲线特征、破坏形态、位移延性等指标，对其刚度退化及耗能机制等抗震性能指标作出了评估[33]。研究发现，沿跨中方向设置双侧加劲板可显著提高方钢管剪力键的水平抗剪承载能力及楼盖的抗弯刚度，在局部节点应力集中位置可以减小剪力键和上下肋构件的集中应力，避免方钢管剪力键过早破坏，进一步提高了空腹梁的变形和耗能能力。

2007年浙江大学位翠霞对早期钢空腹夹层板楼盖的构造特征、演化历程进行了归纳，针对空腹梁的刚度折算的理论方法等进行了阐述，并揭示了钢空腹网架与钢空腹夹层板之间的力学关系，讨论了两者的区别和联系[34]。其将结构的多个几何参数作为变量，探究其对结构整体刚度的影响规律，提出了设置合理楼盖厚度、改变上下肋截面尺寸、选定节间长度等合理优化空腹夹层板的刚度的措施，并通过有限元模拟计算验证了这些构造措施的合理性，得出了提高剪力键的抗剪刚度对于提高楼盖抗弯刚度具有显著作用的结论。

2009年贵州大学魏艳辉通过有限元模拟、现场试验研究与工程实际案例相结合，对装配整体式钢空腹夹层板楼盖结构的静力性能进行了研究，并归纳了其在静力荷载作用下的破坏特征[35]。结果表明，装配式钢空腹夹层板结构具有高度小、重量轻、施工方便的特点，在网格节间受力较小部位采用扭剪型高强度螺栓连接，拼装节点等强可靠，具有施工速度快、楼盖整体刚度大的特点。

2011年林振杨通过APDL语言编程，建立有限元模型，分析了组合空腹楼板弹性工况下的内力分布特征及变形发展规律，总结了结构在极限荷载作用下的挠度变化特征、应力和应变分布区域及裂缝开展、发展规律;采用多参数分析方法,考虑结构的跨度、双向网格尺寸、剪力键截面尺寸及表层板混凝土的强度等因素对结构刚度的影响,总结了一系列的规律性结论,并给出了该种结构在特定情况下设计时选取几何参数的建议[36]。

2012 年,天津大学孙涛对采用磷石膏外墙的高层钢网格盒式住宅结构进行了研究,采用有限元方法对结构在地震作用下的整体指标进行了分析[37]。研究结果表明,在中震、大震作用下,结构的层间位移可以满足高层建筑设计规范的限值要求,验证了该种结构优良的抗震性能。这种结构与钢框架-剪力墙结构的计算指标相比具有更好的抗侧刚度,网格式墙架可以为结构提供有效的二次抗震防线。

2014 年,姜岚基于工程项目中的不规则楼盖,采用行走激励工况下的有限元分析方法对大跨度正交正放钢空腹夹层板楼盖进行了舒适度分析,获得了各种工况下的加速度时程曲线[38]。研究结果表明:有限元分析得到的各种工况下的加速度均能满足规范对楼盖加速度的限值要求;结构在竖向的自振频率虽满足使用要求,但与规范限值较为接近,因此建议在进行此类大跨度工程设计时,应进一步提高楼盖的刚度,使结构的舒适度更好地满足使用要求。

2014 年,徐向东通过不同的行走路线人行激励的方法对钢-混凝土组合空腹夹层楼盖进行了现场试验,获得了不同激励工况下的楼盖加速度响应[39]。他将关键测点的加速度峰值与有限元分析结果进行对比分析,并基于行业规范和设计指导,测试和验证了新型组合楼盖结构的舒适度,结果表明,楼盖基频虽满足规范规定的使用要求,但一阶竖向自振频率较低,其竖向自振频率受跨高比及空腹率影响显著,建议在设计时着重考虑这两个因素。

2015 年,卢亚琴对网格式框架墙与常规钢框架墙缩尺模型在滞回性能试验中获得的测试结果与有限元模拟数据进行了对比分析[40],结果表明,层间梁的设置使得网格框架墙的抗侧刚度显著提高,是传统常规框架墙的抗侧刚度的 3 倍;网格式墙架的滞回曲线饱满,其耗能能力和结构延性都有显著提高。在进行连续化分析时,空间网格墙架的梁与柱总刚度接近,不能忽略层间梁对整体墙架的刚度贡献,同时在水平位移计算时不能忽略梁剪切变形的影响。

2016 年,孙涛等从钢空腹夹层板结构的基本力学性能分析出发,采用连续化分析方法、有限元分析方法及实用分析方法对简支钢空腹夹层板模型进行了分析,并得出了钢空腹夹层板三种计算方法计算结果挠度相差在 5% 以内,轴力控制在15%以内的结果，表明采用拟夹层板连续化分析是可行的且精度较高，实用分析方法具有较好的实用性及安全储备[41,42]。栾焕强等对采用正交斜放钢空腹夹层板结构的多层、多跨钢空腹夹层板轻型工业厂房进行了静载和动载的现场试验研究，结果表明：正交斜放钢空腹夹层板结构的竖向承载力、结构刚度及自振特性均满足轻型工业厂房的要求[43]。

2017年，栾焕强等对平面尺寸为7.5m×7.5m的装配式钢空腹夹层板楼盖四边简支模型进行了静力加载试验，验证了其良好的变形能力，获得了较高的承载力，并通过参数分析研究了钢空腹梁的上下肋截面尺寸、剪力键截面大小、楼盖结构的高度对楼盖整体刚度的影响，提出了钢空腹组合梁正弯矩区塑性弯矩承载力计算公式，具有很好的工程实践意义[44]。同年，贵州大学刘卓群等通过有限元建立模型，研究了加劲板对钢空腹夹层板的剪力键节点上的静力的影响，结果表明加劲板可有效降低节点域方钢管的应力，可为实际工程提供参考[45]。

2018年，贵州大学罗杰采用试验和有限元数值分析相结合的方法对沙土覆盖下的钢-混凝土空腹夹层板在爆炸和冲击等偶然荷载作用下楼盖的关键构件应力变化、破坏模式、最大冲击力和沙土耗能能力等进行了研究，得到了组合楼盖最大冲击力公式，为钢空腹夹层板在人防工程中的应用提供了参考依据[46]。同年，白志强采用拟夹层板方法、交叉梁系法和有限元分析方法验证了钢空腹夹层板楼盖理论计算精度[47]。他针对钢空腹夹层板楼盖结构中的方钢管剪力键，加工制作了两类工字形节间剪力键节点试验模型（上、下肋采用H型钢和T型钢）。下肋两端的节点采用锚栓固定在反力地板上，在水平循环荷载作用下记录两种类型剪力键的典型破坏模式，获得了不同剪力键的极限承载力、延性系数和耗能等指标；在考虑材料非线性本构关系的条件下采用有限元分析方法建模分析，得到了钢空腹夹层板楼盖结构竖向自振频率拟合计算公式。

2020年，姜岚采用数值分析方法研究了钢空腹楼盖在人行激励下的振动响应特点，考虑了结构阻尼、荷载参数、结构参数对楼盖加速度的影响，提出了舒适度的评估方法；同时，采用试验和数值分析方法，研究了往复荷载作用下钢空腹夹层板的剪力键的节点滞回性能，分析了节点集合参数对动力性能的影响，提出了节点构造设计的建议[48]。同年，曾伟益等采用备用荷载路径法，从灵敏度指标方面研究了钢空腹夹层板的抗连续倒塌性能[49]，研究表明，采用下肋强、剪力键、上肋弱的结构，可提高钢空腹夹层板的抗连续性倒塌的性能。

2021年，栾焕强对湖南工业厂房项目的钢空腹夹层板盒式结构进行了抗震和受力性能方面的模拟分析[50]，研究表明：盒式结构抗侧刚度较大，且具有很好的抗风和抗震效果；盒式结构施工便捷，可实现快速施工要求。

2022年，白志强等分析了剪力键式空腹梁上下截面的应力变化规律，基于叠加原理和空腹桁架理论，提出了剪力键式空腹梁上下肋的设计方法，通过对比应力公式计算结果与数值分析结果，得出了弦杆控制截面翼缘正应力的估值区间和腹杆折算应力修正系数的估值区间，改进了上下肋截面拉弯和压弯截面强度计算公式，为空腹梁的设计提供了参考[51]。

2022年，余芳等基于试验研究了两边简支钢空腹夹层板桥梁的受力性能，考虑了竖向均布静载的影响，得到了此类结构的刚度特性、典型破坏模式[52,53]。其针对组合空腹夹层板桥梁的刚度计算方法，采用实体单元有限元模型进行参数化分析，并引入刚度放大系数，将实用分析方法的计算结果与试验结果进行对比分析，验证了引入刚度放大系数的有效性。研究结果表明，混凝土表层板厚度、空腹梁的结构高度、空腹板的网格尺寸、上下肋的截面尺寸及剪力键构造刚度均对刚度放大系数产生影响，拟合出的含刚度放大系数的计算公式具有工程实践意义。

以上研究均是基于传统的钢空腹夹层板楼盖的技术验证和工程应用研究。在广泛的工程实践中，新型结构的理论不断深化，趋于成熟，并产生了很好的经济效益。然而近年来传统的钢空腹夹层板楼盖并未出现结构上的重大改进和创新。自笔者所在团队首次提出这种结构以来，钢空腹楼盖结构最近的创新是基于黄勇2005年提出的去掉型钢上肋后形成的空腹夹层板架结构，该种结构虽然节省了钢材，降低了楼盖的厚度，但是因其只适用于采用简支的边界条件并且施工流程比较复杂，后期的推广和应用并不顺利。

笔者发现，在中小跨度的高层住宅和写字楼中，建筑设计对于楼盖的厚度控制极为严格，同时对内部大开间的空间使用提出了更多要求。由于要在减小层高的同时保证室内净高，而采用传统空腹夹层板楼盖结构仍然面临着楼盖过厚的问题，而且在楼盖跨中，传统钢空腹楼盖未考虑混凝土板的组合作用，楼盖上肋型钢截面的强度无法得到充分利用，楼盖结构的装配率也有进一步提高的空间，所以有必要对传统的钢空腹夹层板楼盖结构进行改进和创新。

1.4 装配式倒置T型钢-混凝土组合空腹楼盖

1.4.1 装配式倒置T型钢-混凝土组合空腹楼盖的提出

为了进一步降低楼盖整体厚度,增加空腹截面的净高,将钢空腹夹层板楼盖[图1.12(a)]上弦T型截面倒置,形成倒置T型钢-混凝土组合空腹夹层板楼盖结构[图1.12(b)]。倒置T型钢与混凝土板形成的嵌入式组合上肋可有效提高上肋T型钢受压时的稳定承载力,进一步提高结构的刚度。混凝土叠合板由底部预制薄板和表层现浇层构成,其中底层预制薄板搁置于上肋T型钢翼缘处,作为结构层和施工阶段的模板使用,施工便捷。为保证上肋腹板与混凝土板形成良好的组合效应,将表层铺设的钢筋网通过抗剪键与上肋T型钢腹板连接,进一步通过现浇表层混凝土叠合层与底部预制板形成完整的叠合楼板。倒置T型钢-混凝土组合空腹夹层板楼盖(inverted T – section steel – concrete composite open – web floor,ITSOF)的截面构造如第3章图3.1所示。

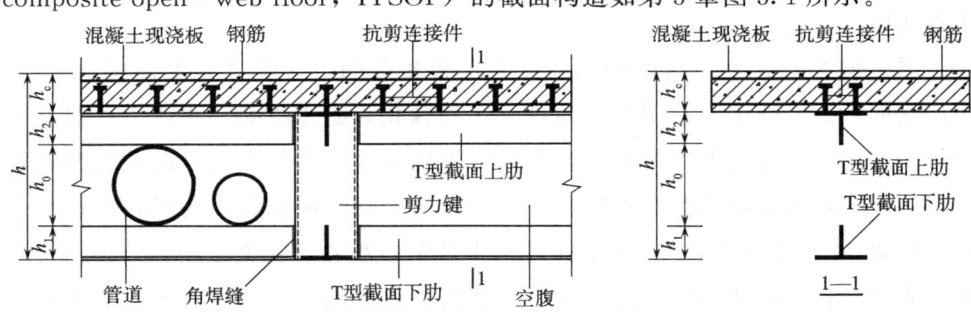

(a)传统钢空腹夹层板楼盖(SOF)的截面构造

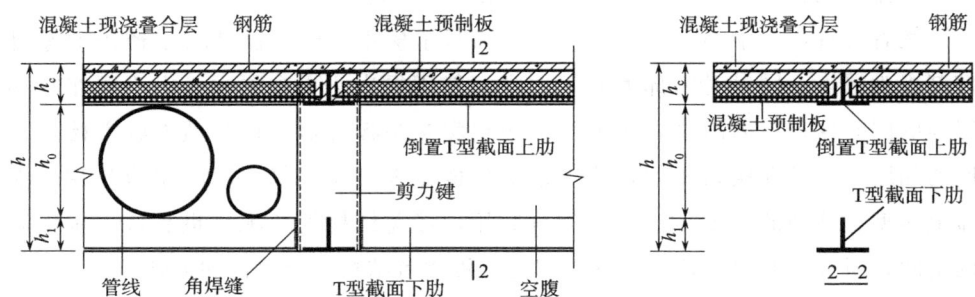

(b)倒置T型钢-混凝土组合空腹夹层板楼盖(ITSOF)的截面构造

图1.12 传统SOF和改进型SOF(ITSOF)的截面构造

1.4.2 装配式倒置 T 型钢-混凝土组合空腹楼盖的构造和优点

将传统的钢空腹夹层板楼盖的上肋 T 型钢旋转 180°后倒置,在钢空腹网格上弦形成方形网格槽;将钢空腹网格模块化加工完成后,在施工现场完成拼装,随即将预先按规格制作的 50mm 厚预制板吊装到位,嵌入上肋围成的方形网格槽内,预制板底部由上肋 T 型钢翼缘竖向约束,四周由上肋 T 型钢腹板水平约束,形成组合上肋,完成装配式倒置 T 型钢-混凝土组合空腹夹层板楼盖的制作[图 1.12(b)]。

相对于传统的钢空腹夹层板,装配式倒置 T 型钢-混凝土组合空腹夹层板楼盖具有以下优点:

1)上肋 T 型钢翻转后,与表层叠合板组成新的内嵌式组合上肋,与传统的钢空腹夹层板栓钉与混凝土板连接方式相比,内嵌式叠合板使楼盖整体性更好,楼盖结构高度可以进一步减小。

2)内嵌式预制板充当表层现浇叠合层的模板,可提供更多的操作空间,减少了模板用量,加快了施工进度。

3)采用内嵌式组合上肋,充分考虑混凝土板参与上肋组合作用,能显著提高楼盖的抗弯刚度。

4)能够充分利用上肋型钢强度,应力分布更合理,中小跨度下其经济性较好。

1.5 主要内容

创新是一个民族发展和进步的灵魂,是促进装配式建筑产业化的根本途径。空间钢网格盒式结构体系开拓了大跨度空间结构的体系,是结构类型的发展和创新。倒置 T 型钢-混凝土组合空腹夹层板楼盖结构中,楼盖可与传统钢网格盒式结构中的网格式墙体组合形成一种新的盒式结构,未来可应用于高层住宅和多层大跨度公共与工业建筑中。这种新型结构体系源于多年来对钢筋混凝土空腹夹层板和钢-混凝土组合空腹夹层板理论的研究与实践。

本书对此种新型结构体系的水平受力构件即新型组合空腹楼盖进行了连续化理论推导,并通过有限元分析方法验证推导理论对新结构的理论支撑性及其准确性;通过 1∶1 中小跨度下楼盖模型的具体制作流程开发了一套完整的施工装配方法及工艺流程；对全尺寸组合空腹夹层板楼盖进行了静力加载试验，验证其在设计荷载下的结构受力特点及变形特征，并探寻其在极限承载力状态下的结构破坏特征，分析其安全性和可靠性是否满足工程实践的要求；在试验的基础上提出了倒置 T 型钢-混凝土组合空腹梁的塑性承载力计算公式，用于组合梁的正、负弯矩区的塑性承载力计算；结合试验模型对新型组合楼盖进行基频的测试，同时测试获得其振动模态；对楼盖结构进行多种人行激励荷载工况下的加速度测试，采用舒适度评价标准评价楼盖的舒适度，为此新型结构体系在大跨度空间结构中的应用打下坚实的理论基础。

第 1 章为绪论。阐述了建筑产业化是我国建筑行业的发展方向，而装配式建筑是解决产业化困境的重要途径。在传统钢网格盒式结构的应用和研究基础之上，提出了一种新型的适用于高层建筑的装配式楼盖，即装配式倒置 T 型钢-混凝土组合空腹夹层板楼盖，并对其构造、工作原理及改进后的相对优势进行了介绍，阐述了此种新型结构体系研究的必要性和意义。

第 2 章为装配式倒置 T 型钢-混凝土组合空腹夹层板楼盖基本分析方法，介绍了新型组合钢空腹夹层板的连续化理论分析方法，在弹性板壳理论的基础上建立了钢空腹夹层板连续化分析的偏微分方程，给出了考虑表层混凝土叠合板刚度贡献作用下的横向剪切刚度的计算公式，推导出了表层混凝土叠合板、上下肋 T 型钢梁的内力计算公式。结合试验模型简支边界约束条件的算例，采用 MATLAB 分析软件进行二次开发，通过程序获得简支楼盖各种构件的内力，并将结果与有限元方法模拟得到的结果进行对比。研究表明：通过连续化分析方法获得的挠度值和内力值精确度较高，与有限元计算结果较为接近，连续化分析方法分析结果具有安全冗余储备。

第 3 章为装配式倒置 T 型钢-混凝土组合空腹夹层板楼盖静力试验和理论分析，介绍了全尺寸试验模型的制作方法，归纳了组合空腹夹层板的施工工艺流程，以及施工中的技术要点和注意事项；完成了试件的制作及其材性试验的数据采集；对组合空腹夹层板楼盖进行正常使用极限状态下的静力加载试验，检测其在加载过程中的挠度变化，确定其正常使用极限状态下的承载力，以及结构关键构件的变形和受力情况；通过参数化分析进一步论证型钢构件参数对结构刚度和承载力的影响；提出装配式组合楼盖的设计原理和方法，并在考虑中性轴位置变化情况下给出正、负弯矩区的塑性承载力计算公式，确定其抗弯和抗剪承载力设计方法。研究结果表明：①装配式 T 型钢-混凝土组合空腹楼盖结构在长宽比小于 1.5 的高层住宅和商业建筑中具有降低结构高度、节省材料、施工速度快的明显优势；②该种结构，上弦与混凝土板组合效应明显，上弦应力应变较小，在钢空腹梁发生屈服前，荷载-挠度曲线呈线性分布。最大挠度发生在跨中板带的中心节点，结构的挠度从中心向四周支座方向逐渐减小，结构变形呈现碗状特征；③从大部分测点的荷载-应变曲线可知，在加载起始阶段，应变值随荷载的增加近似线性增大。下弦产生屈服应变后，组合梁的中性面上移，结构的刚度减小，挠度增大，结构进入弹塑性破坏工作阶段；④靠近支座处的方钢管剪力键受到局部弯矩的作用，其受到的作用力明显大于跨中的剪力键，各个剪力键的水平剪力和弯矩由跨中向支座方向依次增大；⑤通过增大空腹梁空腹高度可以明显提高结构的弹性刚度和稳定承载能力，而增大 T 型钢腹板截面高度对增大截面的惯性矩作用较小；⑥在上弦组合作用下，提高截面刚度的有效方法是增大下弦 T 型钢的翼缘宽度和厚度；⑦在组合结构设计过程中，在正弯矩区充分利用上弦混凝土板受压的组合作用，有助于提高正弯矩区的刚度，在负弯矩区组合梁设计过程中，可以只考虑表层分布钢筋对负弯矩区空腹梁的刚度贡献；⑧在负弯矩区组合作用削弱的情况下可将表层分布筋做加密处理，有助于提高结构刚度，同时延缓柱子周边裂缝的开展；通过在柱头与空腹梁连接的部位增加加劲板，使部分空腹变成实腹，有助于避免空腹梁在竖向剪力作用下发生破坏，同时有助于提高组合空腹梁在负弯矩区的刚度。

第 4 章为装配式倒置 T 型钢-混凝土组合空腹夹层板楼盖自振特征、舒适度试验与性能研究，阐述了模态分析的基本原理，通过对结构模态进行现场测试，得到试验模型的固有自振频率、阻尼比及振型；采用有限元建立模型，分析其前 20 阶的振动模态，重点关注其竖向振动模态。测试和有限元计算结果表明：结构的竖向自振频率较高，低阶模态频率相差较大，出现频率跳跃现象，高阶模态自振频率比较密集，属于模态密集型结构。实测楼盖竖向振动模态与有限元分析结果一致性较好，但竖向振动频率均大于有限元计算结果，误差较小。采用现场测试的方法，在奔跑、行走、跳跃等 28 种人致荷载激励作用工况下测试了楼盖最不利点的结构动力时程响应，将采集的时间-位移曲线进行二次处理，计算出 28 种人类活动工况下的加速度峰值，并根据国内外的舒适度评价标准限值进行评价分析。分析表明，多种复杂工况下的楼盖加速度值均在舒适度控制标准限值范围内，表明此种新型楼盖可应用于高层建筑中，具有良好的适应性。

第 5 章为装配式倒置 T 型钢-混凝土组合空腹夹层板盒式结构与钢框架结构对比分析。以拟建小高层商品房项目为背景，将采用 ITSOF 的新型钢网格盒式结构与钢框架结构进行对比分析，分析了两种结构在多遇地震作用下的各种位移指标。通过对比分析可知，新型组合楼盖与网格式墙架组成的盒式结构相比于传统钢框架结构，其周边采用均匀分布的网格式墙架，具有更加优秀的抗侧力性能；通过对两种结构的首层用钢量进行对比分析，可知新型钢网格盒式结构具有更好的经济性。

第 6 章为结论与展望。

第 2 章　装配式倒置 T 型钢-混凝土组合空腹夹层板楼盖基本分析方法

2.1　引　　言

装配式倒置 T 型钢-混凝土组合空腹夹层板盒式结构在水平方向由钢空腹梁在剪力键处垂直交叉形成双向钢网格，钢网格与表层的预制板和混凝土叠合层形成新的组合空腹夹层板楼盖结构，楼盖结构的基本力学模型可看作以弯曲变形为主的夹心板。传统空腹夹层板的设计过程中不考虑表层混凝土板的组合作用，安全储备比较大，在理论分析中可考虑钢筋混凝土叠合楼板对结构抗弯刚度的贡献计算新型组合楼盖的极限承载力。将上肋倒置 T 型钢网格通过抗剪连接键或栓钉与上表层混凝土板紧密连接，形成整体楼盖的组合上肋，将组合上肋等效成夹层板的上表层；在下弦部位，将下肋 T 型钢梁网格等效成钢空腹夹层板结构的下表层；在中间部位，方钢管剪力键和双向加劲板等效成夹心层。因此，T 型组合钢空腹夹层板楼盖的连续化分析方法是考虑剪切变形的"拟夹层板法"[30,54]。

2.2　倒置 T 型钢-混凝土组合空腹夹层板楼盖连续化分析

2.2.1　连续化分析的基本方程

1. 计算模型与基本假定

T 型钢组合空腹夹层板楼盖计算模型如图 2.1 所示，为了简化力学理论的连续化推导过程，在力学模型建立过程中需遵守如下基本假定[55]：

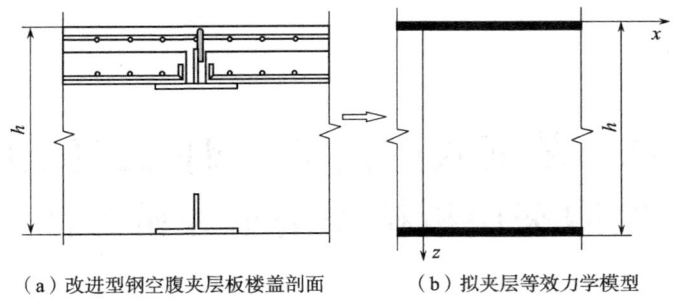

（a）改进型钢空腹夹层板楼盖剖面　　（b）拟夹层等效力学模型

图 2.1　改进型钢空腹夹层板楼盖计算模型

1）T 型钢-混凝土组合钢空腹夹层板楼盖，网格尺寸大小适中，满足预制板简支的厚度要求，在 x、y 两个方向上的网格数量应大于等于 5 个。

2）T 型钢空腹夹层板的上肋 T 型钢与钢筋混凝土叠合板整体嵌固牢靠，抗剪键作用下，型钢与混凝土之间不发生水平位移和滑动。将组合上肋等效为夹层板模型的上表层，并假定在高度方向上表层的形心轴与表层钢筋混凝土叠合板的有效截面形心轴重合，忽略上肋 T 型钢梁与表层混凝土楼板几何位置偏心的影响，上表层仅承受平面内力。

3）T 型钢下肋在平面内将刚度均匀等效为夹层板力学模型的下部表层，假定下肋 T 型钢截面的形心和下表层的形心轴相重合，下表层仅承受平面内力，不考虑剪力键与肋腋部局部弯矩的影响。

4）T 型钢组合空腹夹层板中间剪力键等效为夹层板模型的夹心层，其厚度为夹层板模型上、下表层的间距 h，夹心层仅承受水平方向的剪力作用。

5）垂直于表层混凝土叠合板的直线在楼盖弯曲变形后仍与所在中面保持垂直的状态，该直线在楼盖弯曲变形后在 xz、yz 平面内形成转角位移 ψ_x、ψ_y，且不再垂直于变形挠曲后的混凝土板面，$\psi_x \neq \dfrac{\partial \omega}{\partial x}$，$\psi_y \neq \dfrac{\partial \omega}{\partial y}$。

6）等效之后的夹层板力学模型存在上表面表层与下表层刚度相差较大的问题，其中性面在组合上肋内部，取 T 型钢组合空腹夹层板的上表面为参考面。

根据以上六项基本假定，采用具有三个广义位移的非经典平板理论[56,57]，考虑夹层板的横向剪切变形，建立夹层板基本方程，分析 T 型钢组合空腹夹层板楼盖结构。

2. 等代刚度

在建立 T 型钢组合空腹夹层板的基本力学方程的过程中，首先需要推导获得组合钢空腹夹层板力学模型的上、下表层的等代平面刚度及中间夹心层的水平剪切刚度。

（1）下表层的薄膜刚度系数

T 型钢空腹夹层板的下肋是由多组正交正放的 T 型钢杆系平面交叉组成的，第 i 组杆系的轴力与压缩应变的物理方程可表示为

$$N_i = EA_i \varepsilon_i = EA_i \frac{\partial u_i}{\partial x_i} \tag{2.1}$$

式中　N_i——轴向压力；

E——下肋型材的弹性模量；

A_i——下肋 T 型截面的面积；

ε_i——下肋的应变；

u_i——下弦杆的轴向位移。

截取相邻网格的隔离体，如图 2.2 所示，建立力和位移的关系。

由隔离体内力平衡方程可知，下弦杆的平面内力 N_x、N_y、N_{xy}、N_{yx} 均可用 N_i 表示：

$$\begin{cases} N_x \cdot L_i / \cos\alpha_i = N_i \cos\alpha_i \\ N_{xy} \cdot L_i / \cos\alpha_i = N_i \sin\alpha_i \\ N_y \cdot L_i / \sin\alpha_i = N_i \sin\alpha_i \\ N_{yx} \cdot L_i / \sin\alpha_i = N_i \cos\alpha_i \end{cases} \tag{2.2a}$$

则下弦杆系的内力可表示为

$$\begin{cases} N_x = \sum_i \dfrac{N_i \cos\alpha_i}{L_i / \cos\alpha_i} = \sum_i \dfrac{N_i \cos^2\alpha_i}{L_i} \\ N_y = \sum_i \dfrac{N_i \sin\alpha_i}{L_i / \sin\alpha_i} = \sum_i \dfrac{N_i \sin^2\alpha_i}{L_i} \\ N_{xy} = N_{yx} = \sum_i \dfrac{N_i \sin\alpha_i}{L_i / \cos\alpha_i} = \sum_i \dfrac{N_i \cos\alpha_i \sin\alpha_i}{L_i} \end{cases} \tag{2.2b}$$

以上式中　L_i——杆系的间距；

α_i——x_i 轴与 x 轴的夹角。

下弦杆系的轴向位移与平面位移间有如下关系：

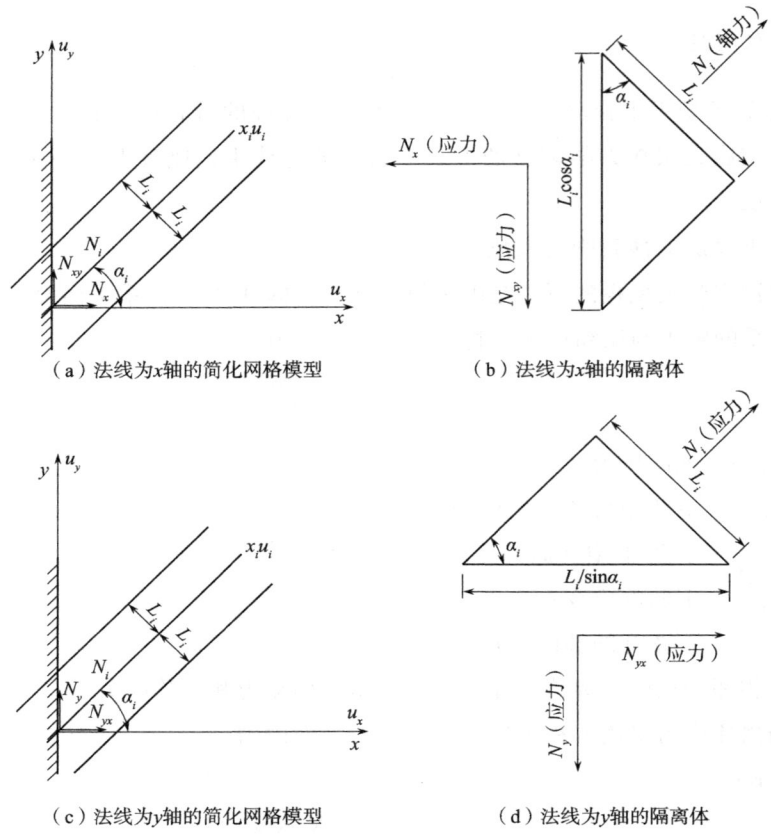

（a）法线为x轴的简化网格模型　　　（b）法线为x轴的隔离体

（c）法线为y轴的简化网格模型　　　（d）法线为y轴的隔离体

图 2.2　钢网格隔离体示意图

$$u_i = u_x \cos\alpha_i + u_y \sin\alpha_i \tag{2.3}$$

式中　u_i——杆系的轴向位移；

u_x，u_y——杆系在 x、y 方向的平面位移。

由于 $\dfrac{\partial}{\partial x_i} = \cos\alpha_i \dfrac{\partial}{\partial x} + \sin\alpha_i \dfrac{\partial}{\partial y}$，则杆系的轴向应变与平面应变间有如下关系式：

$$\frac{\partial u_i}{\partial x_i} = \frac{\partial u_x}{\partial x}\cos^2\alpha_i + \frac{\partial u_y}{\partial y}\sin^2\alpha_i + \left(\frac{\partial u_x}{\partial y} + \frac{\partial u_y}{\partial x}\right)\cos\alpha_i \sin\alpha_i$$

即

$$\varepsilon_i = \varepsilon_x \cos^2\alpha_i + \varepsilon_y \sin^2\alpha_i + \varepsilon_{xy} \cos\alpha_i \sin\alpha_i \tag{2.4}$$

式中　ε_i——杆系的轴向应变；

ε_x，ε_y，ε_{xy}——杆系的平面应变。

将式(2.3)代入式(2.1)和式(2.2),整理后下弦杆系的平面内力可表示为

$$\begin{cases} N_x = \sum_i E\delta_i \cos^2\alpha_i (\varepsilon_x \cos^2\alpha_i + \varepsilon_y \sin^2\alpha_i + \varepsilon_{xy} \cos\alpha_i \sin\alpha_i) \\ N_y = \sum_i E\delta_i \sin^2\alpha_i (\varepsilon_x \cos^2\alpha_i + \varepsilon_y \sin^2\alpha_i + \varepsilon_{xy} \cos\alpha_i \sin\alpha_i) \\ N_{xy} = \sum_i E\delta_i \cos\alpha_i \sin\alpha_i (\varepsilon_x \cos^2\alpha_i + \varepsilon_y \sin^2\alpha_i + \varepsilon_{xy} \cos\alpha_i \sin\alpha_i) \end{cases} \quad (2.5)$$

式中 δ_i——杆系沿 i 方向的折算厚度,$\delta_i = A_i/L_i$。

令

$$\begin{cases} B_{11} = \sum_i E\delta_i \cos^4\alpha_i \\ B_{12} = B_{21} = B_{33} = \sum_i E\delta_i \cos^2\alpha_i \sin^2\alpha_i \\ B_{22} = \sum_i E\delta_i \sin^4\alpha_i \\ B_{13} = B_{31} = \sum_i E\delta_i \cos^3\alpha_i \sin\alpha_i \\ B_{23} = B_{32} = \sum_i E\delta_i \cos\alpha_i \sin^3\alpha_i \end{cases} \quad (2.6)$$

则式(2.2b)可以简写为

$$\boldsymbol{N}^b = \begin{Bmatrix} N_x \\ N_y \\ N_{xy} \end{Bmatrix} = \begin{bmatrix} B_{11} & B_{12} & B_{13} \\ B_{21} & B_{22} & B_{23} \\ B_{31} & B_{32} & B_{33} \end{bmatrix} \begin{Bmatrix} \varepsilon_x \\ \varepsilon_y \\ \varepsilon_{xy} \end{Bmatrix} = \boldsymbol{B}^b \boldsymbol{\varepsilon}^b \quad (2.7)$$

式中 $\boldsymbol{B}^b$——组合空腹夹层板下表层的薄膜刚度矩阵;

$\boldsymbol{N}^b$——下表层薄膜内力矩阵;

$\boldsymbol{\varepsilon}^b$——下表层薄膜应变矩阵;

B_{ij}——刚度系数。

对于两向正交斜放网格,有

$$i = 1, 2, \alpha_1 = \frac{\pi}{4}, \alpha_2 = -\frac{\pi}{4}$$

$$B_{11} = E\delta \cos^4 45° \times 2 = \frac{1}{2} E\delta$$

$$B_{12} = B_{21} = B_{33} = E\delta \cos^2 45° \sin^2 45° \times 2 = \frac{1}{2} E\delta$$

$$B_{22} = E\delta \sin^4 45° \times 2 = \frac{1}{2} E\delta$$

$$B_{13} = B_{31} = 0$$
$$B_{23} = B_{32} = 0$$

则

$$\boldsymbol{B}^b = \frac{1}{2}E\delta \begin{bmatrix} 1 & 1 & 0 \\ 1 & 1 & 0 \\ 0 & 0 & 1 \end{bmatrix} \quad (2.8a)$$

同样，对于两向正交正放网格，有

$$i = 1, 2, \alpha_1 = 0, \alpha_2 = \frac{\pi}{2}$$
$$B_{11} = E\delta \cos^4 0° \times 2 = E\delta$$
$$B_{12} = B_{21} = B_{33} = B_{13} = B_{31} = B_{23} = B_{32} = E\delta \cos^2 45° \sin^2 45° \times 2 = 0$$
$$B_{22} = E\delta \sin^4 90° \times 2 = E\delta$$
$$B_{13} = B_{31} = 0$$

则

$$\boldsymbol{B}^b = E\delta \begin{bmatrix} 1 & 0 & 0 \\ 0 & 1 & 0 \\ 0 & 0 & 0 \end{bmatrix} \quad (2.8b)$$

（2）上表层的薄膜刚度系数

T型钢空腹夹层板的上肋是由多组正交正放的T型钢杆系平面交叉组成的，其上表层的薄膜刚度为平面交叉肋的上肋的平面等代刚度与混凝土叠合板的平面等代刚度叠加而成。T型钢上肋通常与下肋采用相同的截面，因此上表层平面交叉肋的等代刚度表达式与下表层平面交叉肋的等代刚度表达式相同。混凝土板的平面刚度矩阵可表示为

$$\boldsymbol{B}^c = E_c t \begin{bmatrix} 1/(1-\mu^2) & \mu/(1-\mu^2) & 0 \\ \mu/(1-\mu^2) & 1/(1-\mu^2) & 0 \\ 0 & 0 & 1/2(1+\mu) \end{bmatrix} \quad (2.9)$$

由弹性力学理论可知：

$$\sigma_x = \frac{E_c}{1-\mu^2}(\varepsilon_x + \mu\varepsilon_y), \sigma_y = \frac{E_c}{1-\mu^2}(\varepsilon_y + \mu\varepsilon_x), \tau_{xy} = \frac{E_c}{2(1+\mu)}\gamma_{xy} \quad (2.10)$$

以上式中　E_c——板的弹性模量；

　　　　　t——板的厚度；

　　　　　μ——表层薄板的泊松系数。

第 2 章 装配式倒置 T 型钢-混凝土组合空腹夹层板楼盖基本分析方法

夹层板模型上表层的薄膜刚度矩阵 $\boldsymbol{B}^u$ 可表示为

$$\boldsymbol{B}^u = \boldsymbol{B}^b + \boldsymbol{B}^c \tag{2.11}$$

（3）夹心层的等代剪切刚度[57-59]

截取倒置 T 型钢-混凝土组合空腹夹层板单条板带的节间网格，其长度尺寸为单个网格尺寸 L_i。如图 2.3(a)所示，假定离间式上、下弦杆的反弯点均在组合空腹钢网格的节间位置。将上层 T 型钢肋与混凝土叠合板组成的上表层截面形心与下肋 T 型钢组成的下表层截面形心的间距定义为 h，即为等效夹心层的厚度。将上表层的组合截面的刚度在单个网格宽度范围内定义为 $E_u I_u$，下表层的截面刚度在网格宽度范围内定义为 $E_b I_b$，中间竖向方钢管剪力键拟合的夹心层在水平方向的刚度定义为 $E_h I_h$，则可得到组合网格的等代梁单元 Lh，如图 2.3(c)所示。

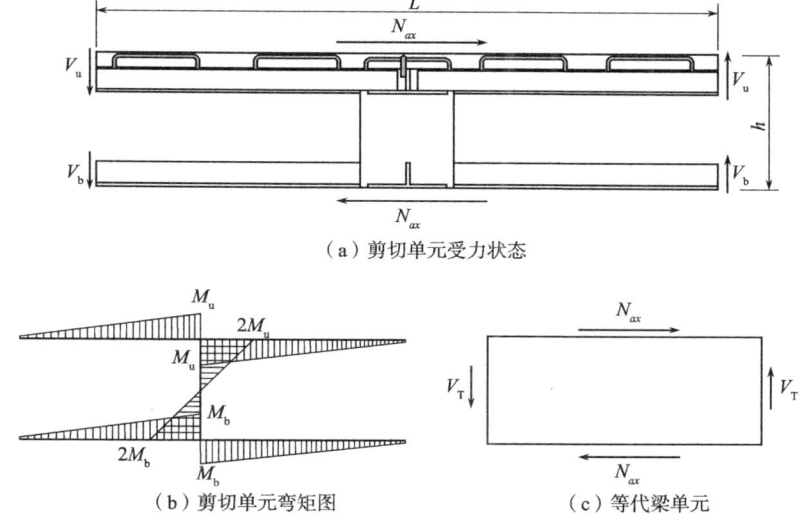

图 2.3 等代梁单元原理示意图

节间单元上、下表层的剪力 V_u、V_b 与剪力总和 V_T 和轴力 N_{ax} 之间的关系为

$$\begin{cases} (V_u + V_b)L - N_{ax}h = 0 \\ V_T = V_u + V_b \end{cases} \tag{2.12}$$

图 2.3(b)为典型网格单元的弯矩图，剪切单元由弯矩引起的剪切变形 γ_0 可以根据图乘法计算：

$$\gamma_0 = \frac{L^2}{12(V_u + V_b)}\left(\frac{V_u^2}{E_u I_u} + \frac{V_b^2}{E_b I_b}\right) + \frac{Lh}{3E_h I_h (V_u + V_b)^2}(V_u^3 + V_b^3)$$

$$= \frac{L^2 V^2}{12(1+\alpha)^2}\left(\frac{\alpha^2}{E_u I_u}+\frac{1}{E_b I_b}\right)+\frac{LhV(\alpha^2-\alpha+1)}{3E_h I_h (1+\alpha)^2} \tag{2.13}$$

其中，$\alpha = \dfrac{h/(E_h I_h)+L/(6E_b I_b)}{h/(E_h I_h)+L/(6E_u I_u)}$，$V_u = \alpha V_b$。

对于满足高宽比 $h/b \leqslant 1$ 的超短柱剪力键，还应考虑剪力作用下产生的变形：

$$\gamma_h = \frac{V_T}{kG_h A_h}$$

式中　k——剪应力作用下的不均匀系数；

　　　G_h——剪力键方钢管的剪切模量；

　　　A_h——截面面积。

等代梁单元总的剪切变形 γ 为剪力键和上、下肋的剪切变形之和，可表示为

$$\gamma = \gamma_0 + \gamma_h = \frac{L^2 V_T^2}{12(1+\alpha)^2}\left(\frac{\alpha^2}{E_u I_u}+\frac{1}{E_b I_b}\right)+\frac{LhV_T(\alpha^2-\alpha+1)}{3E_h I_h (1+\alpha)^2}+\frac{V_T}{kG_h A_h} \tag{2.14}$$

引入折算剪切刚度 C，则在梁单元总剪力 V_T 作用下产生的剪切变形为 γ'，可表示为

$$\gamma' = \gamma = V_T/C \tag{2.15}$$

折算剪切刚度可表示为

$$C = \frac{1}{L\left[\dfrac{L}{12(1+\alpha)^2}\left(\dfrac{\alpha^2}{E_u I_u}+\dfrac{1}{E_b I_b}\right)+\dfrac{1}{kG_h A_h h^2}+\dfrac{h(\alpha^2-\alpha+1)}{3E_h I_h}\right]} \tag{2.16}$$

在便于计算的条件下，保守地忽略上表层混凝土叠合板的作用时，$E_u I_u = E_b I_b$，则等代梁单元的剪切刚度矩阵可表示为

$$\boldsymbol{C} = \begin{bmatrix} C_{11} & 0 \\ 0 & C_{22} \end{bmatrix} \tag{2.17}$$

楼盖沿水平方向均匀分布的刚度为 $C_{11} = \dfrac{C_x}{L_x}$，$C_{22} = \dfrac{C_y}{L_y}$，其中 C_x、C_y 为沿 x 和 y 两个方向的折算剪切刚度，L_x、L_y 为 x 和 y 两个方向的钢网格肋间距。

若两个方向水平的肋间距均为 L_i，则有

$$C_{11} = \sum_i \frac{C_i}{L_i}\cos^2\alpha_i \tag{2.18a}$$

第2章 装配式倒置T型钢-混凝土组合空腹夹层板楼盖基本分析方法

$$C_{22} = \sum \frac{C_i}{L_i} \sin^2 \alpha_i \tag{2.18b}$$

对于两个方向肋正交并且以45°角斜放的钢空腹梁，肋与水平约束边界夹角$\alpha_i = 45°$，此时

$$C_{11} = C_{22} = \sum_i \frac{C_i}{2L_i} \tag{2.19a}$$

对于两个方向肋正交正放的钢空腹梁，肋与水平约束边界的夹角$\alpha_i = 90°$，此时

$$C_{11} = C_{22} = \sum_i \frac{C_i}{L_i} \tag{2.19b}$$

（4）建立ITSOF的基本方程

定义双向正交正放的ITSOF整体刚度矩阵为$\boldsymbol{B}$，其中组合楼盖上表层的薄膜刚度矩阵为$\boldsymbol{B}^u$，下表层钢肋水平分布的刚度矩阵为$\boldsymbol{B}^b$，δ为肋在间距L_i宽度范围内的折算厚度，E_c为表层混凝土板的弹性模量，t为表层混凝土板的厚度，μ为表层混凝土板的泊松比，组合楼盖的剪切刚度矩阵为$\boldsymbol{C}$，由式（2.11）可得

$$\boldsymbol{B}^u = \begin{bmatrix} B_{11}^u & B_{12}^u & B_{13}^u \\ B_{21}^u & B_{22}^u & B_{23}^u \\ B_{31}^u & B_{32}^u & B_{33}^u \end{bmatrix} = \begin{bmatrix} E\delta + \dfrac{E_c t}{1-\mu^2} & E\delta + \dfrac{E_c t \mu}{1-\mu^2} & 0 \\ E\delta + \dfrac{E_c t \mu}{1-\mu^2} & E\delta + \dfrac{E_c t}{1-\mu^2} & 0 \\ 0 & 0 & E\delta + \dfrac{E_c t}{2(1+\mu)} \end{bmatrix} \tag{2.20}$$

对于上下两层钢肋双向正交、45°斜放的ITSOF，有

$$\boldsymbol{B}^b = \frac{1}{2} E\delta \begin{bmatrix} 1 & 1 & 0 \\ 1 & 1 & 0 \\ 0 & 0 & 1 \end{bmatrix} \tag{2.21a}$$

$$\boldsymbol{C} = \begin{bmatrix} C_{11} & 0 \\ 0 & C_{22} \end{bmatrix} = \begin{bmatrix} \sum\limits_i \dfrac{C_i}{2L_i} & 0 \\ 0 & \sum\limits_i \dfrac{C_i}{2L_i} \end{bmatrix} \tag{2.21b}$$

同理，对于上下两层钢肋双向正交正放的ITSOF，有

$$\boldsymbol{B}^b = E\delta \begin{bmatrix} 1 & 0 & 0 \\ 0 & 1 & 0 \\ 0 & 0 & 0 \end{bmatrix} \tag{2.22a}$$

$$\boldsymbol{C} = \begin{bmatrix} C_{11} & 0 \\ 0 & C_{22} \end{bmatrix} = \begin{bmatrix} \sum_i \dfrac{C_i}{L_i} & 0 \\ 0 & \sum_i \dfrac{C_i}{L_i} \end{bmatrix} \quad (2.22b)$$

为方便建立连续化分析的基本方程，引入拟夹层板的三个广义位移，分别为沿 z 轴方向的挠度 ω、绕 x 和 y 轴的转角 ψ_x 和 ψ_y。

因此，拟夹层板的几何方程可表示为

$$\begin{cases} \boldsymbol{\varepsilon}^{\mathrm{u}} = \{\varepsilon_x^{\mathrm{u}} \quad \varepsilon_y^{\mathrm{u}} \quad \varepsilon_{xy}^{\mathrm{u}}\}^{\top} \\ \boldsymbol{\varepsilon}^{\mathrm{b}} = \{\varepsilon_x^{\mathrm{b}} \quad \varepsilon_y^{\mathrm{b}} \quad \varepsilon_{xy}^{\mathrm{b}}\}^{\top} = \boldsymbol{\varepsilon}^{\mathrm{u}} + h\boldsymbol{\chi} \\ \boldsymbol{\chi} = \{\chi_x \quad \chi_y \quad 2\chi_{xy}\}^{\top} = \left\{ -\dfrac{\partial \psi_x}{\partial x} \quad -\dfrac{\partial \psi_y}{\partial y} \quad -\left(\dfrac{\partial \psi_x}{\partial y} + \dfrac{\partial \psi_y}{\partial x}\right) \right\}^{\top} \\ \boldsymbol{\gamma} = \{\gamma_x \quad \gamma_y\}^{\top} = \left\{ \dfrac{\partial \omega}{\partial x} - \psi_x \quad \dfrac{\partial \omega}{\partial y} - \psi_y \right\}^{\top} \end{cases} \quad (2.23)$$

式中　$\boldsymbol{\varepsilon}^{\mathrm{u}}, \boldsymbol{\varepsilon}^{\mathrm{b}}$——上、下表面的平面应变矩阵；

$\boldsymbol{\chi}$——中间夹层的弯曲应变矩阵；

$\boldsymbol{\gamma}$——中间夹层的水平剪切应变矩阵。

根据应力和应变之间的关系，拟夹层板模型的力学方程可表示为

$$\begin{cases} \boldsymbol{N}^{\mathrm{u}} = \{N_x^{\mathrm{u}} \quad N_y^{\mathrm{u}} \quad N_{xy}^{\mathrm{u}}\}^{\top} = \boldsymbol{B}^{\mathrm{u}} \boldsymbol{\varepsilon}^{\mathrm{u}} \\ \boldsymbol{N}^{\mathrm{b}} = \{N_x^{\mathrm{b}} \quad N_y^{\mathrm{b}} \quad N_{xy}^{\mathrm{b}}\}^{\top} = \boldsymbol{B}^{\mathrm{b}} \boldsymbol{\varepsilon}^{\mathrm{b}} = \boldsymbol{B}^{\mathrm{b}}(\boldsymbol{\varepsilon}^{\mathrm{u}} + h\boldsymbol{\chi}) \\ \boldsymbol{N} = \boldsymbol{N}^{\mathrm{u}} + \boldsymbol{N}^{\mathrm{b}} = \boldsymbol{B}\boldsymbol{\varepsilon}^{\mathrm{u}} + h\boldsymbol{B}^{\mathrm{b}}\boldsymbol{\chi} \\ \boldsymbol{M} = \{M_x \quad M_y \quad M_{xy}\}^{\top} = h\boldsymbol{N}^{\mathrm{b}} = h\boldsymbol{B}^{\mathrm{b}}\boldsymbol{\varepsilon}^{\mathrm{u}} + h^2 \boldsymbol{B}^{\mathrm{b}}\boldsymbol{\chi} \\ \boldsymbol{Q} = \{Q_x \quad Q_y\} = \boldsymbol{C}\boldsymbol{\gamma} \end{cases} \quad (2.24)$$

式中　$\boldsymbol{N}^{\mathrm{u}}, \boldsymbol{N}^{\mathrm{b}}$——上、下表层内力矩阵；

$\boldsymbol{M}, \boldsymbol{N}, \boldsymbol{Q}$——拟夹层板模型整体的弯矩、轴力和横向剪力矩阵，如图 2.4 所示。

由式（2.24）中的第三、第四式可解得

$$\begin{cases} \boldsymbol{\varepsilon}^{\mathrm{u}} = \boldsymbol{b}\boldsymbol{N} - \boldsymbol{K}\boldsymbol{\chi} \\ \boldsymbol{M} = \boldsymbol{K}^{\top}\boldsymbol{N} + \boldsymbol{D}\boldsymbol{\chi} \end{cases} \quad (2.25)$$

式中　$\boldsymbol{b}$——拟夹层板模型的上、下表层薄膜的柔度矩阵，由整体刚度矩阵 $\boldsymbol{B}$ 的逆矩阵表示；

$\boldsymbol{D}$——模型的抗弯刚度矩阵；

$\boldsymbol{K}$——模型的耦合矩阵。

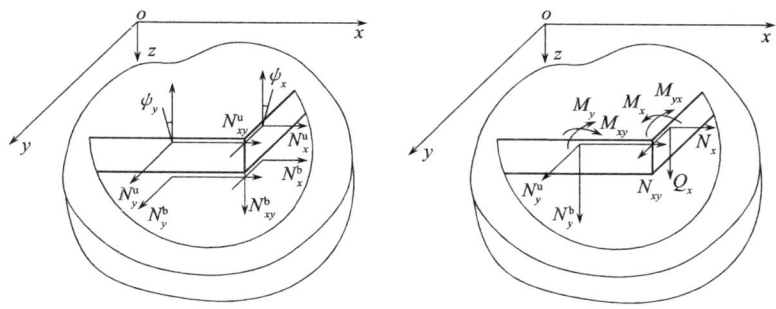

图 2.4 拟夹层板的内力和位移分析

其具体表达式如下：

$$\boldsymbol{b} = \boldsymbol{B}^{-1} = \begin{bmatrix} b_{11} & b_{12} & 0 \\ b_{21} & b_{22} & 0 \\ 0 & 0 & b_{33} \end{bmatrix} \tag{2.26}$$

$$\boldsymbol{K} = h\boldsymbol{B}^{-1}\boldsymbol{B}^{b} = \boldsymbol{K}^{\top} = \begin{bmatrix} K_{11} & K_{12} & 0 \\ K_{21} & K_{22} & 0 \\ 0 & 0 & K_{33} \end{bmatrix} \tag{2.27}$$

$$\boldsymbol{D} = h^{2}(\boldsymbol{B}^{b} - \boldsymbol{B}^{b}\boldsymbol{B}^{-1}\boldsymbol{B}^{b}) = \begin{bmatrix} D_{11} & D_{12} & 0 \\ D_{21} & D_{22} & 0 \\ 0 & 0 & D_{33} \end{bmatrix} \tag{2.28}$$

其中，$b_{ij} = b_{ji}$，$D_{ij} = D_{ji}$，$K_{ij} = K_{ji}$，为矩阵系数，可由拟夹层模型的上、下表层薄膜刚度矩阵 $\boldsymbol{B}^{u}$、$\boldsymbol{B}^{b}$ 的刚度系数及 ITSOF 的厚度 h 确定。

楼盖在竖向均布荷载 q 的作用下，拟夹层板模型的力学平衡方程为

$$\begin{cases} \dfrac{\partial N_x}{\partial x} + \dfrac{\partial N_{xy}}{\partial y} = 0 \\[4pt] \dfrac{\partial N_y}{\partial y} + \dfrac{\partial N_{xy}}{\partial x} = 0 \\[4pt] \dfrac{\partial M_x}{\partial x} + \dfrac{\partial M_{xy}}{\partial y} - Q_x = 0 \\[4pt] \dfrac{\partial M_y}{\partial y} + \dfrac{\partial M_{xy}}{\partial x} - Q_y = 0 \\[4pt] \dfrac{\partial Q_x}{\partial x} + \dfrac{\partial Q_y}{\partial y} + q = 0 \end{cases} \tag{2.29}$$

拟夹层板模型的连续性方程为

$$\frac{\partial^2 \varepsilon_y}{\partial x^2} + \frac{\partial^2 \varepsilon_x}{\partial y^2} - \frac{\partial^2 \varepsilon_{xy}}{\partial x \partial y} = 0 \tag{2.30}$$

此处引入应力函数 ϕ，满足以下条件：

$$N_x = \frac{\partial^2 \phi}{\partial y^2}, N_y = \frac{\partial^2 \phi}{\partial x^2}, N_{xy} = -\frac{\partial^2 \phi}{\partial x \partial y} \tag{2.31}$$

式（2.31）满足力学平衡方程式（2.29）中的前两个等式。

将式（2.23）、式（2.26）～式（2.28）及式（2.31）代入式（2.25），可得到上表面应变 ε^u 和弯矩 M 中带有应力函数 ϕ 及转角 ψ_x 和 ψ_y 的表达式：

$$\begin{cases} \varepsilon_x^u = b_{11}\frac{\partial^2 \phi}{\partial y^2} + b_{12}\frac{\partial^2 \phi}{\partial x^2} + K_{11}\frac{\partial \psi_x}{\partial x} + K_{12}\frac{\partial \psi_y}{\partial y} \\ \varepsilon_y^u = b_{12}\frac{\partial^2 \phi}{\partial y^2} + b_{22}\frac{\partial^2 \phi}{\partial x^2} + K_{12}\frac{\partial \psi_x}{\partial x} + K_{22}\frac{\partial \psi_y}{\partial y} \\ \varepsilon_{xy}^u = -b_{33}\frac{\partial^2 \phi}{\partial x \partial y} + K_{33}\left(\frac{\partial \psi_y}{\partial x} + \frac{\partial \psi_x}{\partial y}\right) \\ M_x = K_{11}\frac{\partial^2 \phi}{\partial y^2} + K_{12}\frac{\partial^2 \phi}{\partial x^2} - D_{11}\frac{\partial \psi_x}{\partial x} - D_{12}\frac{\partial \psi_y}{\partial y} \\ M_y = K_{12}\frac{\partial^2 \phi}{\partial y^2} + K_{22}\frac{\partial^2 \phi}{\partial x^2} - D_{12}\frac{\partial \psi_x}{\partial x} - D_{22}\frac{\partial \psi_y}{\partial y} \\ M_{xy} = -K_{33}\frac{\partial^2 \phi}{\partial x \partial y} - D_{33}\left(\frac{\partial \psi_y}{\partial x} + \frac{\partial \psi_x}{\partial y}\right) \end{cases} \tag{2.32}$$

将式（2.31）和式（2.32）代入式（2.29）的后三个等式及式（2.30），可得

$$\begin{bmatrix} L_{11} & L_{12} & L_{13} & 0 \\ L_{21} & L_{22} & L_{23} & L_{24} \\ L_{31} & L_{32} & L_{33} & L_{34} \\ 0 & L_{42} & L_{43} & L_{44} \end{bmatrix} \begin{Bmatrix} \phi \\ \psi_x \\ \psi_y \\ \omega \end{Bmatrix} = \begin{Bmatrix} 0 \\ 0 \\ 0 \\ -q \end{Bmatrix} \tag{2.33}$$

根据矩阵的对称特性，可满足微分算子之间的关系，即 $L_{ij} = L_{ji}$。微分算子可表示为

$$\begin{cases}L_{11}=b_{22}\dfrac{\partial^4}{\partial x^4}+(2b_{12}+b_{33})\dfrac{\partial^4}{\partial x^2\partial y^2}+b_{11}\dfrac{\partial^4}{\partial y^4}\\[4pt]L_{22}=-D_{11}\dfrac{\partial^2}{\partial x^2}-D_{33}\dfrac{\partial^2}{\partial y^2}+C_{11}\\[4pt]L_{33}=-D_{33}\dfrac{\partial^2}{\partial x^2}-D_{22}\dfrac{\partial^2}{\partial y^2}+C_{22}\\[4pt]L_{44}=C_{11}\dfrac{\partial^2}{\partial x^2}+C_{22}\dfrac{\partial^2}{\partial y^2}\\[4pt]L_{12}=L_{21}=K_{12}\dfrac{\partial^3}{\partial x^3}+(K_{11}-K_{33})\dfrac{\partial^3}{\partial x\partial y^2}\\[4pt]L_{13}=L_{31}=(K_{22}-K_{33})\dfrac{\partial^3}{\partial x^2\partial y}+K_{12}\dfrac{\partial^3}{\partial y^3}\\[4pt]L_{24}=L_{42}=-C_{11}\dfrac{\partial}{\partial x}\\[4pt]L_{34}=L_{43}=-C_{22}\dfrac{\partial}{\partial y}\end{cases} \quad (2.34)$$

在微分方程的求解过程中，为简化流程，需引入一个新的位移函数 $\bar{\omega}$。通过建立位移函数与广义位移函数 ω、ψ_x、ψ_y 之间的关系，可得到如下表达式：

$$\begin{cases}\psi_x=\left(\dfrac{D_{12}C_y+D_{33}C_y-D_{22}C_x}{C}\dfrac{\partial^3}{\partial x\partial y^2}-\dfrac{D_{33}}{C_y}\dfrac{\partial^3}{\partial x^3}+\dfrac{\partial}{\partial x}\right)\bar{\omega}\\[4pt]\psi_y=\left(\dfrac{D_{21}C_x+D_{33}C_x-D_{11}C_y}{C}\dfrac{\partial^3}{\partial x^2\partial y}-\dfrac{D_{33}}{C_x}\dfrac{\partial^3}{\partial y^3}+\dfrac{\partial}{\partial y}\right)\bar{\omega}\\[4pt]\omega=\left(\dfrac{D_{11}D_{22}-D_{12}^2-2D_{12}D_{33}}{C}\dfrac{\partial^4}{\partial x^2\partial y^2}+\dfrac{D_{11}D_{33}}{C}\dfrac{\partial^4}{\partial x^4}+\dfrac{D_{11}D_{33}}{C}\dfrac{\partial^4}{\partial y^4}-\right.\\[4pt]\left.\dfrac{D_{11}C_y+D_{33}C_x}{C}\dfrac{\partial^2}{\partial y^2}-\dfrac{D_{22}C_x+D_{33}C_y}{C}\dfrac{\partial^2}{\partial y^2}-1\right)\bar{\omega}\end{cases} \quad (2.35)$$

其中，$C=C_yC_x$。

将式（2.35）代入式（2.33），可知前三个方程均可满足条件，而第四个方程可转化归纳如下：

$$\left\{\left[b_{22}\dfrac{\partial^4}{\partial x^4}+(2b_{12}+b_{33})\dfrac{\partial^4}{\partial x^2\partial y^2}+b_{11}\dfrac{\partial^4}{\partial y^4}\right]\left[D_{11}\dfrac{\partial^4}{\partial x^4}+2(D_{12}+2D_{33})\dfrac{\partial^4}{\partial x^2\partial y^2}+\right.\right.$$
$$\left.D_{22}\dfrac{\partial^4}{\partial y^4}-\left(\dfrac{D_{11}D_{33}}{C^2}\dfrac{\partial^4}{\partial x^4}+\dfrac{D_{11}D_{22}-D_{12}^2-2D_{12}D_{33}}{C^2}\dfrac{\partial^4}{\partial x^2\partial y^2}+\dfrac{D_{22}D_{33}}{C^2}\dfrac{\partial^4}{\partial y^4}\right)\right.$$
$$\left.\left(C_{11}\dfrac{\partial^2}{\partial x^2}+C_{22}\dfrac{\partial^2}{\partial y^2}\right)\right]+\left[K_{12}\dfrac{\partial^3}{\partial x^3}+(K_{11}-K_{33})\dfrac{\partial^3}{\partial x\partial y^2}\right]^2\left[\dfrac{\partial^2}{\partial x^2}-\dfrac{D_{33}}{C_{22}}\dfrac{\partial^4}{\partial x^4}-\right.$$

$$\left(\frac{D_{22}}{C_{22}}+\frac{D_{33}}{C_{11}}\right)\frac{\partial^4}{\partial x^2\partial y^2}-\frac{D_{22}}{C_{11}}\frac{\partial^4}{\partial y^4}\right]+\left[(K_{22}-K_{33})\frac{\partial^3}{\partial x^2\partial y}+K_{12}\frac{\partial^3}{\partial y^3}\right]^2\left[\frac{\partial^2}{\partial y^2}-\right.$$

$$\frac{D_{11}}{C_{22}}\frac{\partial^4}{\partial x^4}-\left(\frac{D_{11}}{C_{11}}+\frac{D_{33}}{C_{22}}\right)\frac{\partial^4}{\partial x^2\partial y^2}-\frac{D_{33}}{C_{11}}\frac{\partial^4}{\partial y^4}\right]+2\left[K_{12}\frac{\partial^3}{\partial x^3}+(K_{11}-K_{33})\frac{\partial^3}{\partial x\partial y^2}+\right.$$

$$\left.(K_{22}-K_{33})\frac{\partial^3}{\partial x^2\partial y}+K_{12}\frac{\partial^3}{\partial y^3}\right]\left[1+\frac{D_{12}+D_{33}}{C^2}\left(C_{11}\frac{\partial^2}{\partial x^2}+C_{22}\frac{\partial^2}{\partial y^2}\right)\right]\frac{\partial^2}{\partial x\partial y}\right\}\overline{\omega}=q$$

(2.36)

在楼盖高跨比较小的条件下，楼盖以弯曲变形为主，此时满足剪切刚度无穷大，即 $C=C_{11}=C_{22}=\infty$，可忽略 ITSOF 的剪切变形，则式（2.36）的十阶偏微分方程退化为传统井字楼盖的八阶偏微分方程：

$$\left\{\left[b_{22}\frac{\partial^4}{\partial x^4}+(2b_{12}+b_{33})\frac{\partial^4}{\partial x^2\partial y^2}+b_{11}\frac{\partial^4}{\partial y^4}\right]\left[D_{11}\frac{\partial^4}{\partial x^4}+2(D_{12}+2D_{33})\frac{\partial^4}{\partial x^2\partial y^2}+\right.\right.$$

$$\left.D_{22}\frac{\partial^4}{\partial y^4}\right]+\left[K_{12}\frac{\partial^4}{\partial x^4}+(K_{11}+K_{22}-2K_{33})\frac{\partial^4}{\partial x^2\partial y^2}+K_{12}\frac{\partial^4}{\partial y^4}\right]^2\right\}\overline{\omega}=q$$

(2.37)

2.2.2 矩形平面周边简支钢空腹夹层板的求解[60-63]

剪切变形作用下，矩形平面的 ITSOF 的计算简图如图 2.5 所示，在求解十阶偏微分方程式（2.36）时，每侧边界需给出以下五个约束条件：

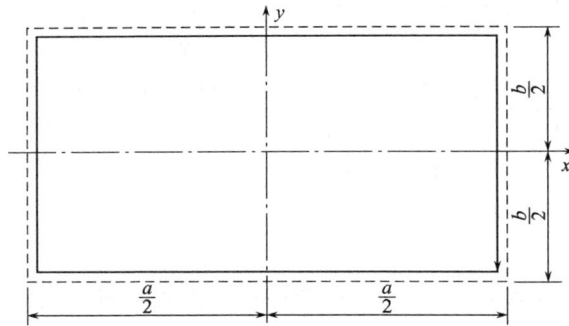

图 2.5 周边简支钢空腹夹层板平面图

$$\begin{cases}x=\pm\dfrac{a}{2}:N_x=0,\varepsilon_y=0,\omega=0,M_x=0,\psi_y=0\\ y=\pm\dfrac{b}{2}:N_y=0,\varepsilon_x=0,\omega=0,M_y=0,\psi_x=0\end{cases}$$

(2.38)

即

$$\begin{cases} x = \pm \dfrac{a}{2}: \phi = 0, \dfrac{\partial^2 \phi}{\partial x^2} = 0, \omega = 0, \dfrac{\partial \psi_x}{\partial x} = 0, \psi_y = 0 \\ y = \pm \dfrac{b}{2}: \phi = 0, \dfrac{\partial^2 \phi}{\partial y^2} = 0, \omega = 0, \dfrac{\partial \psi_y}{\partial y} = 0, \psi_x = 0 \end{cases} \quad (2.39)$$

将位移函数 $\overline{\omega}$ 代入边界条件式（2.39）中，可建立如下微分算子等式：

$$\overline{\omega} = \nabla^2 \overline{\omega} = \nabla^2 \nabla^2 \overline{\omega} = \nabla^2 \nabla^2 \nabla^2 \overline{\omega} = 0, \nabla^2 = \dfrac{\partial^2}{\partial x^2} + \dfrac{\partial^2}{\partial y^2} \quad (2.40)$$

为求解简支 ITSOF 的基本方程，可引入重三角级数求解，荷载 q 和位移函数 $\overline{\omega}$ 可展开成如下三角级数形式：

$$\begin{cases} q = \dfrac{16q}{\pi^2} \sum_{m=1,3,\cdots} \sum_{n=1,3,\cdots} (-1)^{\frac{m+n-2}{2}} \dfrac{1}{mn} \cos \dfrac{m\pi x}{a} \cos \dfrac{n\pi y}{b} \\ \overline{\omega} = \dfrac{16qa^8}{\pi^{10} h^2} \sum_{m=1,3,\cdots} \sum_{n=1,3,\cdots} (-1)^{\frac{m+n-2}{2}} A_{mn} \cos \dfrac{m\pi x}{a} \cos \dfrac{n\pi y}{b} \end{cases} \quad (2.41)$$

将三角级数下的荷载和位移表达式式（2.41）代入十阶偏微分方程式（2.36）中，可以获得系数 A_{mn}，即满足 $A_{mn} = \dfrac{1}{\Delta_{mn}}$。

$$\begin{aligned}
\Delta_{mn} = mn &\bigg\{ \dfrac{1}{2} \big[\tilde{b}_{22} m^4 + (2\tilde{b}_{12} + \tilde{b}_{33}) m^2 \lambda^2 n^2 + \tilde{b}_{11} \lambda^4 n^4 \big] \big[\tilde{D}_{11} m^4 + 2(\tilde{D}_{12} + 2\tilde{D}_{33}) \\
&m^2 \lambda^2 n^2 + \tilde{D}_{22} \lambda^4 n^4 + p^2 (\tilde{D}_{11} \tilde{D}_{33} m^4 + (\tilde{D}_{11} \tilde{D}_{22} - \tilde{D}_{12}^2 - 2\tilde{D}_{12} \tilde{D}_{33}) m^2 \lambda^2 n^2 + \\
&\tilde{D}_{22} \tilde{D}_{33} \lambda^4 n^4) \bigg(\dfrac{m^2}{\tilde{C}_{22}} + \dfrac{\lambda^2 n^2}{\tilde{C}_{11}} \bigg) \big] + m^2 \big[\tilde{K}_{12} m^2 + (\tilde{K}_{11} - \tilde{K}_{33}) \lambda^2 n^2 \big]^2 \\
&\big[m^2 + p^2 \bigg(\dfrac{\tilde{D}_{33}}{\tilde{C}_{22}} m^4 + \bigg(\dfrac{\tilde{D}_{22}}{\tilde{C}_{22}} + \dfrac{\tilde{D}_{33}}{\tilde{C}_{11}} \bigg) m^2 \lambda^2 n^2 + \dfrac{\tilde{D}_{22}}{\tilde{C}_{11}} \lambda^4 n^4 \bigg) \big] + \lambda^2 n^2 \big[(\tilde{K}_{22} - \tilde{K}_{33}) m^2 + \\
&\tilde{K}_{12} \lambda^2 n^2 \big]^2 \big[\lambda^2 n^2 + p^2 \bigg(\dfrac{\tilde{D}_{11}}{\tilde{C}_{22}} m^4 + \bigg(\dfrac{\tilde{D}_{11}}{\tilde{C}_{11}} + \dfrac{\tilde{D}_{33}}{\tilde{C}_{22}} \bigg) m^2 \lambda^2 n^2 + \dfrac{\tilde{D}_{33}}{\tilde{C}_{11}} \lambda^4 n^4 \bigg) \big] + \\
&2m^2 \lambda^2 n^2 \big[\tilde{K}_{12} m^2 + (\tilde{K}_{11} - \tilde{K}_{33}) \lambda^2 n^2 \big] \cdot \big[(\tilde{K}_{22} - \tilde{K}_{33}) m^2 + \tilde{K}_{12} \lambda^2 n^2 \big] \\
&\big[1 - p^2 (\tilde{D}_{12} + \tilde{D}_{33}) \bigg(\dfrac{1}{\tilde{C}_{22}} m^2 + \dfrac{1}{\tilde{C}_{11}} \lambda^2 n^2 \bigg) \big] \bigg\} \quad (2.42)
\end{aligned}$$

其中，$p=\dfrac{\pi}{a}\sqrt{D/C}$，$\lambda=\dfrac{a}{b}$，$\tilde{b}_{ij}=B^b b_{ij}$，$\tilde{K}_{ij}=\dfrac{K_{ij}}{h}$，$\tilde{D}_{ij}=\dfrac{D_{ij}}{D}$，$\tilde{C}_{ij}=\dfrac{C_{ij}}{C}$，$B^b=E\delta^b$，$D=\dfrac{B^b h^2}{2}$，$C=\sqrt{C_1 C_2}$。$p$ 为 ITSOF 剪切变形的无量纲参数；$\tilde{C}_{ij}$、$\tilde{b}_{ij}$、$\tilde{D}_{ij}$、$\tilde{K}_{ij}$ 为矩阵系数（无量纲）；λ 为楼盖的边长比。

将式（2.42）代入三角级数下的位移和荷载表达式式（2.41），可得应力函数 ϕ、线位移函数 $\bar{\omega}$ 及剪切应变 ψ 的表达式，即三个广义位移可表示为

$$\begin{cases} \bar{\omega}=\dfrac{16qa^8}{\pi^{10}h^2}\displaystyle\sum_{m=1,3,\cdots}\sum_{n=1,3,\cdots}(-1)^{\frac{m+n-2}{2}}\dfrac{1}{\Delta_{mn}}\cos\dfrac{m\pi x}{a}\cos\dfrac{n\pi y}{b} \\[6pt] \phi=\dfrac{16qa^4}{\pi^6 h}\displaystyle\sum_{m=1,3,\cdots}\sum_{n=1,3,\cdots}(-1)^{\frac{m+n-2}{2}}\dfrac{\Delta_{mn}^{\phi}}{\Delta_{mn}}\cos\dfrac{m\pi x}{a}\cos\dfrac{n\pi y}{b} \\[6pt] \omega=\dfrac{8qa^4}{\pi^6 D}\displaystyle\sum_{m=1,3,\cdots}\sum_{n=1,3,\cdots}(-1)^{\frac{m+n-2}{2}}\dfrac{\Delta_{mn}^{\omega}}{\Delta_{mn}}\cos\dfrac{m\pi x}{a}\cos\dfrac{n\pi y}{b} \\[6pt] \psi_x=\dfrac{8qa^3}{\pi^5 D}\displaystyle\sum_{m=1,3,\cdots}\sum_{n=1,3,\cdots}(-1)^{\frac{m+n-2}{2}}\dfrac{\Delta_{mn}^{\psi_x}}{\Delta_{mn}}\sin\dfrac{m\pi x}{a}\cos\dfrac{n\pi y}{b} \\[6pt] \psi_y=\dfrac{8qa^3}{\pi^5 D}\displaystyle\sum_{m=1,3,\cdots}\sum_{n=1,3,\cdots}(-1)^{\frac{m+n-2}{2}}\dfrac{\Delta_{mn}^{\psi_y}}{\Delta_{mn}}\cos\dfrac{m\pi x}{a}\sin\dfrac{n\pi y}{b} \end{cases} \quad (2.43)$$

式中的系数 Δ_{mn}^{ϕ}、$\Delta_{mn}^{\psi_x}$、$\Delta_{mn}^{\psi_y}$、Δ_{mn}^{ω} 可根据参考文献 [27] 中的求解公式计算得出。

将式（2.43）代入式（2.32）和式（2.24）中，即可得到 ITSOF 的整体内力：

$$\begin{cases} M_x=\dfrac{16qa^2}{\pi^4}\displaystyle\sum_{m=1,3,\cdots}\sum_{n=1,3,\cdots}(-1)^{\frac{m+n-2}{2}}\dfrac{1}{\Delta_{mn}}[-(\overline{K}_{12}m^2+\overline{K}_{11}\lambda^2 n^2)\Delta_{mn}^{\phi}- \\[6pt] \qquad \dfrac{1}{2}(\overline{D}_{11}m\Delta_{mn}^{\psi_x}+\overline{D}_{12}\lambda n\Delta_{mn}^{\psi_y})]\cos\dfrac{m\pi x}{a}\cos\dfrac{n\pi y}{b} \\[6pt] M_y=\dfrac{16qa^2}{\pi^4}\displaystyle\sum_{m=1,3,\cdots}\sum_{n=1,3,\cdots}(-1)^{\frac{m+n-2}{2}}\dfrac{1}{\Delta_{mn}}[-(\overline{K}_{22}m^2+\overline{K}_{12}\lambda^2 n^2)\Delta_{mn}^{\phi}- \\[6pt] \qquad \dfrac{1}{2}(\overline{D}_{12}m\Delta_{mn}^{\psi_x}+\overline{D}_{22}\lambda n\Delta_{mn}^{\psi_y})]\cos\dfrac{m\pi x}{a}\cos\dfrac{n\pi y}{b} \\[6pt] M_{xy}=\dfrac{16qa^2}{\pi^4}\displaystyle\sum_{m=1,3,\cdots}\sum_{n=1,3,\cdots}(-1)^{\frac{m+n-2}{2}}\dfrac{1}{\Delta_{mn}}[-\overline{K}_{33}mn\lambda\Delta_{mn}^{\phi}+\dfrac{1}{2}\overline{D}_{33}(\lambda n\Delta_{mn}^{\psi_x}+ \\[6pt] \qquad m\Delta_{mn}^{\psi_y})]\sin\dfrac{m\pi x}{a}\cos\dfrac{n\pi y}{b} \end{cases}$$

$$\begin{cases} Q_x = \dfrac{16qa}{\pi^3} \sum\limits_{m=1,3,\cdots} \sum\limits_{n=1,3,\cdots} (-1)^{\frac{m+n-2}{2}} \dfrac{1}{\Delta_{mn}} \{ [\overline{K}_{12}m^2 + (\overline{K}_{11}-\overline{K}_{33})\lambda^2 n^2]m\Delta_{mn}^{\phi} + \\ \qquad \dfrac{1}{2}[(\overline{D}_{11}m^2 + \overline{D}_{33}\lambda^2 n^2)\Delta_{mn}^{\psi_x} + (\overline{D}_{12}+\overline{D}_{33})m\lambda n\Delta_{mn}^{\psi_y}] \} \sin\dfrac{m\pi x}{a}\cos\dfrac{n\pi y}{b} \\ Q_y = \dfrac{16qa}{\pi^3} \sum\limits_{m=1,3,\cdots} \sum\limits_{n=1,3,\cdots} (-1)^{\frac{m+n-2}{2}} \dfrac{1}{\Delta_{mn}} \{ [(\overline{K}_{22}-\overline{K}_{33})m^2 + \overline{K}_{12}\lambda^2 n^2]\lambda n\Delta_{mn}^{\phi} + \\ \qquad \dfrac{1}{2}[(\overline{D}_{12}m^2 + \overline{D}_{33})m\lambda n\Delta_{mn}^{\psi_x} + (\overline{D}_{12}\lambda^2 n^2 + \overline{D}_{33}m^2)\Delta_{mn}^{\psi_y}] \} \cos\dfrac{m\pi x}{a}\sin\dfrac{n\pi y}{b} \end{cases}$$

(2.44)

2.2.3 上表层混凝土板及上肋 T 型钢的内力

由于 ITSOF 模型平面内刚度均匀分布，所以单位宽度上的内力相等，可以在获得夹层楼盖的整体内力 N 之后快速求出上表层叠合板及 T 型钢上肋的内力。ITSOF 上表层的内力包含表层叠合板及 T 型钢上肋两部分的内力，即可表示为

$$\begin{cases} N^{u} = N^{us} + N^{uc} \\ N^{us} = B^{s}\varepsilon^{u} \\ N^{uc} = B^{c}\varepsilon^{u} \end{cases} \quad (2.45)$$

式中 N^{us}——T 型钢上肋表层等效内力；

N^{uc}——叠合板的表层内力。

式（2.45）可展开表示如下：

$$\begin{cases} N_x^{uc} = B_{c11}\varepsilon_x^{u} + B_{c12}\varepsilon_y^{u} \\ N_y^{uc} = B_{c12}\varepsilon_x^{u} + B_{c22}\varepsilon_y^{u} \\ N_{xy}^{uc} = B_{c33}\varepsilon_{xy}^{u} \\ N_x^{us} = B_{11}\varepsilon_x^{u} \\ N_y^{us} = B_{22}\varepsilon_y^{u} \\ N_{xy}^{us} = 0 \end{cases} \quad (2.46)$$

式中，引入下标 x 和 y 定义了表层上肋方向，即 N_x^{us}、N_y^{us} 为 T 型钢上肋在 x、y 方向上的等效内力。同理，N_x^{uc}、N_{xy}^{uc}、N_y^{uc} 分别为表层叠合板在三个方向上的内力。

将位移函数式（2.43）和应变弯矩函数式（2.32）代入式（2.46），可求出 ITSOF 中叠合板及 T 型钢上肋的内力，其表达式为

$$\begin{cases}
N_x^{uc} = \dfrac{16qa^2}{\pi^4 h}\sum_{m=1,3,\cdots}\sum_{n=1,3,\cdots}(-1)^{\frac{m+n-2}{2}}\dfrac{1}{\Delta_{mn}}\{[-(B_{c11}b_{11}+B_{c12}b_{12})\lambda^2 n^2 - \\
\qquad (B_{c11}b_{12}+B_{c12}b_{22})m^2]\Delta_{mn}^{\phi} + \dfrac{h}{2D}[(B_{c11}K_{11}+B_{c12}K_{12})m\Delta_{mn}^{\psi_x} + \\
\qquad (B_{c11}K_{12}+B_{c12}K_{22})\lambda n\Delta_{mn}^{\psi_y}]\}\cos\dfrac{m\pi x}{a}\cos\dfrac{n\pi y}{b} \\
N_y^{uc} = \dfrac{16qa^2}{\pi^4 h}\sum_{m=1,3,\cdots}\sum_{n=1,3,\cdots}(-1)^{\frac{m+n-2}{2}}\dfrac{1}{\Delta_{mn}}\{[-(B_{c12}b_{11}+B_{c22}b_{12})\lambda^2 n^2 - \\
\qquad (B_{c12}b_{12}+B_{c22}b_{22})m^2]\Delta_{mn}^{\phi} + \dfrac{h}{2D}[(B_{c12}K_{11}+B_{c22}K_{12})m\Delta_{mn}^{\psi_x} + \\
\qquad (B_{c12}K_{12}+B_{c22}K_{22})\lambda n\Delta_{mn}^{\psi_y}]\}\cos\dfrac{m\pi x}{a}\cos\dfrac{n\pi y}{b} \\
N_{xy}^{uc} = -\dfrac{16qa^2}{\pi^4 h}\sum_{m=1,3,\cdots}\sum_{n=1,3,\cdots}(-1)^{\frac{m+n-2}{2}}\dfrac{1}{\Delta_{mn}}[B_{c33}b_{33}m\lambda n\Delta_{mn}^{\phi} + \dfrac{h}{2D}K_{33}(\lambda n\Delta_{mn}^{\psi_x} + \\
\qquad m\Delta_{mn}^{\psi_y})]\sin\dfrac{m\pi x}{a}\sin\dfrac{n\pi y}{b} \\
N_x^{us} = \dfrac{16qa^2}{\pi^4 h}\sum_{m=1,3,\cdots}\sum_{n=1,3,\cdots}(-1)^{\frac{m+n-2}{2}}\dfrac{1}{\Delta_{mn}}[(-B_{s11}b_{11}\lambda^2 n^2 - B_{s11}b_{12}m^2)\Delta_{mn}^{\phi} + \\
\qquad \dfrac{h}{2D}(B_{s11}K_{11}m\Delta_{mn}^{\psi_x} + B_{s11}K_{12}\lambda n\Delta_{mn}^{\psi_y})]\cos\dfrac{m\pi x}{a}\cos\dfrac{n\pi y}{b} \\
N_y^{us} = \dfrac{16qa^2}{\pi^4 h}\sum_{m=1,3,\cdots}\sum_{n=1,3,\cdots}(-1)^{\frac{m+n-2}{2}}\dfrac{1}{\Delta_{mn}}[(-B_{s22}b_{12}\lambda^2 n^2 - B_{s22}b_{22}m^2)\Delta_{mn}^{\phi} + \\
\qquad \dfrac{h}{2D}(B_{s22}K_{12}m\Delta_{mn}^{\psi_x} + B_{s22}K_{22}\lambda n\Delta_{mn}^{\psi_y})]\cos\dfrac{m\pi x}{a}\cos\dfrac{n\pi y}{b}
\end{cases}$$

(2.47)

在获得 T 型钢上肋的等效内力后,可根据 ITSOF 的网格尺寸求出 T 型钢上肋在 x、y 两个方向的轴力:

$$\begin{cases} N_1^{us} = L_x N_x^{us} \\ N_2^{us} = L_y N_y^{us} \end{cases}$$

(2.48)

式中　　L_x——x 方向网格尺寸;

L_y——y 方向网格尺寸;

N_1^{us}——上肋 T 型钢在 x 方向的轴力;

N_2^{us}——上肋 T 型钢在 y 方向的轴力。

2.2.4 下肋 T 型钢的内力

以 ITSOF 的上表面为参考平面,忽略上层混凝土板局部弯矩的作用,则 T 型钢下肋的等效内力可表示为

$$N_b = M/h \tag{2.49}$$

$$\begin{cases} N_x^b = \dfrac{16qa^2}{\pi^4 h} \sum_{m=1,3,\cdots} \sum_{n=1,3,\cdots} (-1)^{\frac{m+n-2}{2}} \dfrac{1}{\Delta_{mn}} [-(\overline{K}_{12}m^2 + \overline{K}_{11}\lambda^2 n^2)\Delta_{mn}^{\phi} - \\ \qquad \dfrac{1}{2}(\overline{D}_{11}m\Delta_{mn}^{\psi_x} + \overline{D}_{12}\lambda n\Delta_{mn}^{\psi_y})]\cos\dfrac{m\pi x}{a}\cos\dfrac{n\pi y}{b} \\ N_y^b = \dfrac{16qa^2}{\pi^4 h} \sum_{m=1,3,\cdots} \sum_{n=1,3,\cdots} (-1)^{\frac{m+n-2}{2}} \dfrac{1}{\Delta_{mn}} [-(\overline{K}_{22}m^2 + \overline{K}_{12}\lambda^2 n^2)\Delta_{mn}^{\phi} - \\ \qquad \dfrac{1}{2}(\overline{D}_{12}m\Delta_{mn}^{\psi_x} + \overline{D}_{22}\lambda n\Delta_{mn}^{\psi_y})]\cos\dfrac{m\pi x}{a}\cos\dfrac{n\pi y}{b} \\ N_{xy}^b = \dfrac{16qa^2}{\pi^4 h} \sum_{m=1,3,\cdots} \sum_{n=1,3,\cdots} (-1)^{\frac{m+n-2}{2}} \dfrac{1}{\Delta_{mn}} [-\overline{K}_{33}m\lambda n\Delta_{mn}^{\phi} + \dfrac{1}{2}\overline{D}_{33}(\lambda n\Delta_{mn}^{\psi_x} + \\ \qquad m\Delta_{mn}^{\psi_y})]\sin\dfrac{m\pi x}{a}\cos\dfrac{n\pi y}{b} \end{cases}$$

(2.50)

在求出 T 型钢下肋的等效内力后,由 ITSOF 网格平面尺寸可以求出 T 型钢下肋在 x、y 两个方向上的轴力:

$$\begin{cases} N_1^b = L_x N_x^b \\ N_2^b = L_y N_y^b \end{cases} \tag{2.51}$$

式中 N_1^b——T 型钢下肋在 x 方向的轴力;

N_2^b——T 型钢下肋在 y 方向的轴力。

2.3 验 证 计 算

为验证连续化理论的可靠性,采用 9.0m×9.0m 的装配式倒置 T 型钢-混凝土组合空腹夹层板楼盖作为算例模型进行计算。针对算例模型,去掉周边柱,在周边简支的条件下设定楼盖算例的边界条件,以便获得简化的求解过程。在初始假定下满足边界初始位移为 0,转角为 0,转动角度的变化率为 0。分离变量后引入位移函数,以重三角级数形式展开,代入初始条件即可得到该简支模

型上下表层的内力及剪切变形计算公式。分别采用连续化分析方法与有限元分析方法对楼盖进行静力计算，将计算结果与连续化理论分析结果进行对比分析。连续化理论分析采用 MATLAB 软件进行程序开发完成计算，有限元分析采用通用有限元软件 Abaqus-v14.0 建模分析。

2.3.1　算例模型建立

以试验模型中组合钢空腹夹层板楼盖为基础模型（见第3章3.2.1节），抽空周边方形钢管柱后，周边采用尺寸为 150mm×150mm×5.6mm 的方钢管剪力键替换柱，形成四边简支的夹层板楼盖。平面钢网格的尺寸如图2.6(a)所示，楼盖三维模型如图2.7所示，楼盖截面详细尺寸如图2.8所示。

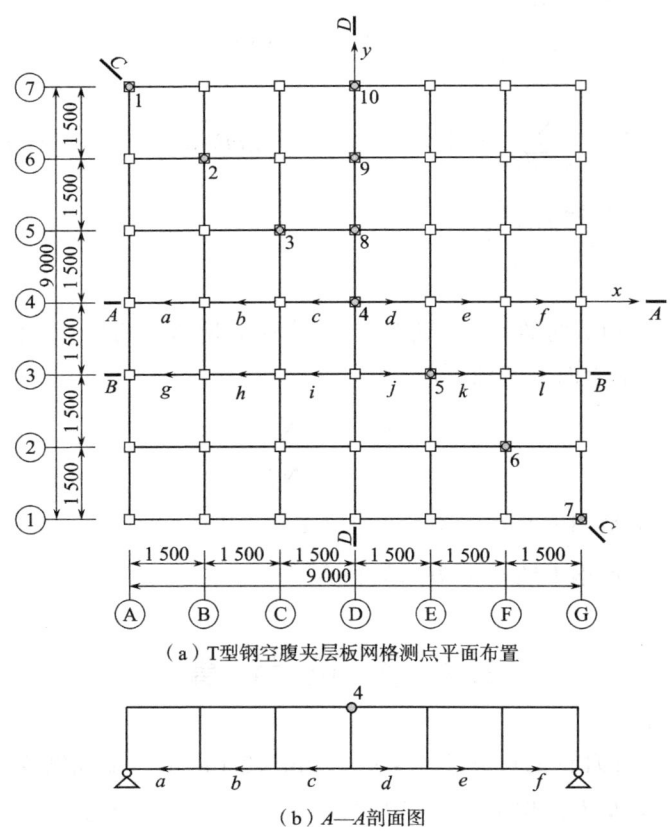

（a）T型钢空腹夹层板网格测点平面布置

（b）A—A剖面图

图 2.6　组合空腹夹层板测点布置

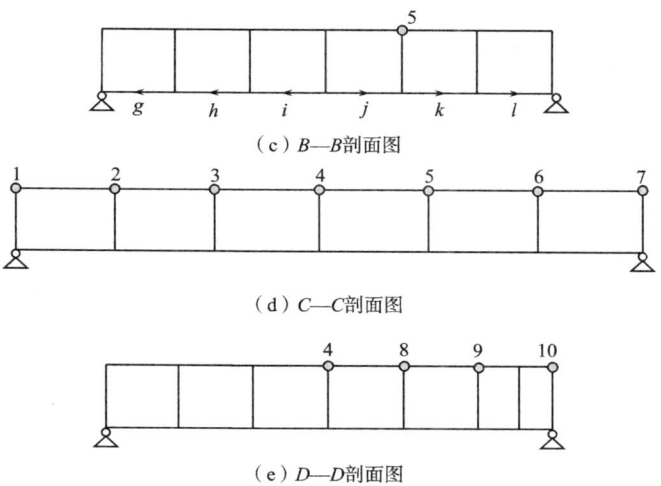

（c）B—B 剖面图

（d）C—C 剖面图

（e）D—D 剖面图

图 2.6　组合空腹夹层板测点布置（续）

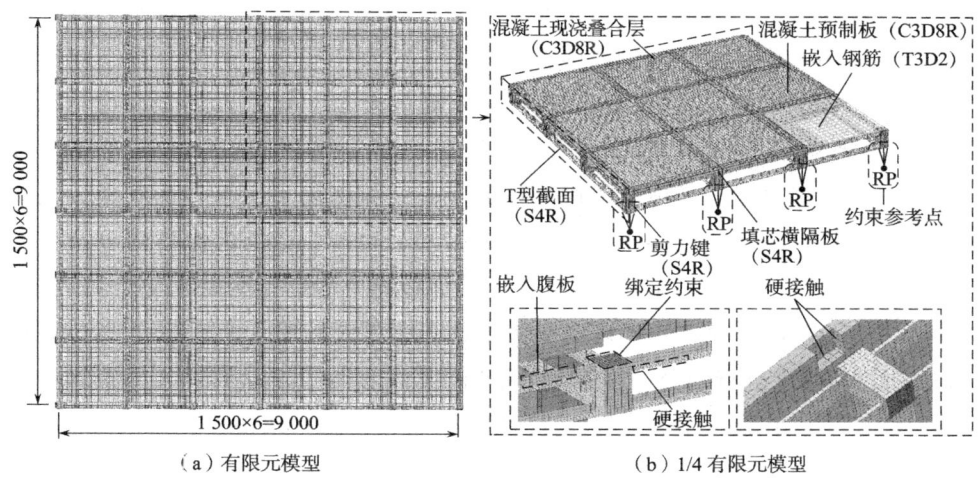

（a）有限元模型　　　　　　　（b）1/4 有限元模型

图 2.7　ITSOF 周边简支有限元模型的建立和网格划分

楼盖结构的平面尺寸为 9.0m×9.0m，表层混凝土叠合板的厚度为 90mm，钢网格采用正交正放布局，单个正方形网格尺寸为 1 500mm×1 500mm。计算模型的肋杆均采用 Q235B 规格的 T 型钢，截面尺寸为 62.5mm×125mm×6.5mm×8.5mm，剪力键尺寸为 150mm×5.6mm，横隔板尺寸为 138.8mm×138.8mm×8.5mm。钢筋等材料和构件的规格尺寸同试验模型，见第 3 章 3.2.1 节。楼盖模型中材料属性参考第 3 章 3.2.4 节材性试验结果，本构关系参考 3.4.1 节。

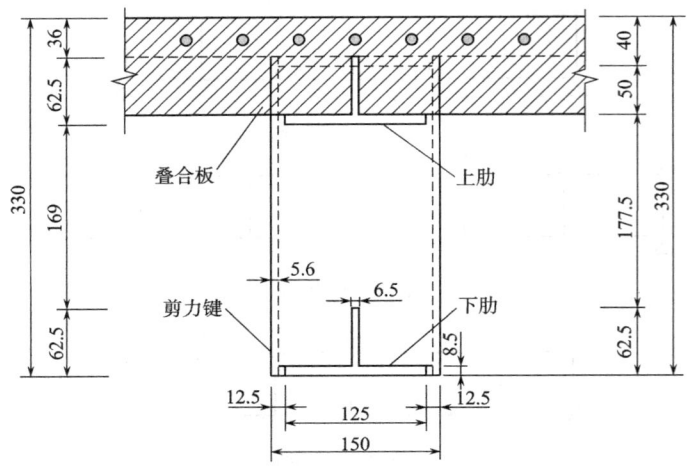

图 2.8 改进型组合空腹夹层板楼盖模型详细尺寸

考虑到楼盖结构的叠合层与预制板之间接触面粗糙且有抗剪键与型钢上肋连接，同时为避免复杂的接触非线性问题引起模型不收敛，建模时叠合板采用单层混凝土楼盖模拟。其中，上肋腹板嵌入混凝土板，上肋 T 型钢翼缘与混凝土板底部接触平面法向采用硬接触（hard contact），切向为滑动边界条件（slide），剪力键顶部与切削后形成槽体的混凝土板侧面采用接触面约束，顶部采用绑定约束，侧面与混凝土法向接触面采用硬接触。楼盖的网格划分及单元选择可参考 3.4.1 节有限元模型。由于有限元模型中型钢构件相贯面较多，截面几何尺寸有差异，在考虑计算精度和效率的条件下，针对上、下肋 T 型钢采用 20mm 的网格尺寸进行划分，对剪力键采用 12.5mm 和 20mm 两种尺寸的网格来划分，型钢均采用 S4R 壳单元赋予截面属性。混凝土板沿水平方向采用 50mm 的网格进行划分，而在厚度方向，根据型钢腹板嵌入叠合板的深度，采用 27mm 和 36mm 两种网格尺寸进行划分，采用 C3D8R 实体单元赋予截面属性。埋入式钢筋采用长度为 50mm 的 T3D2 单元进行划分，节点与周边最近的实体单元的节点耦合。网格划分过程中通过设置几何模型轮廓线播种的形式确定有限元模型的网格尺寸大小，最后完成自由分割。有限元模型网格划分完成后的详图如图 2.7 所示。

为便于采用连续化分析方法计算，有限元模型采用周边简支约束，施加在有限元模型上的具体方法是：在沿楼盖模型周边分布的各个剪力键底部中心共建立 24 个约束参考点（RP），将周边剪力键底面节点分别与对应的参考点绑定约束，此时简支条件下的边界约束可施加在对应的参考点上。其中，对沿着Ⓐ轴分布的剪力键底部参考点施加 z 向、x 向位移约束，释放 y 向位移及绕 x、y、z 三个方向的旋转约束；沿Ⓖ轴分布的剪力键底部约束参考点只约束沿 z 轴方向的线位移。同理，对沿①轴分布的剩余剪力键底部参考点施加 z 轴和 y 轴方向的线位移约束，对沿⑦轴方向分布的剩余约束参考点施加 z 向的线位移约束，即可完成整个楼盖沿周边的简支约束。

有限元模型和连续化分析方法中分别考虑三级均布荷载（5.5kN/m^2、3.5kN/m^2、1.5kN/m^2）作用下的结构内力和位移，监测点分布如图 2.6(b～e)所示。

2.3.2 两种分析方法的对比

（1）有限元分析结果

表 2.1 给出了结构模型上弦沿对角线分布的测点 1～7 和测点 8～10 的挠度值。计算结果显示，组合楼盖的跨中板带位移最大，最大挠度出现在 4 号测点位置，计算值为 32.620mm。表 2.2 中列出了下弦 12 个节间测点处的轴力值，下弦杆件的最大轴力值出现在楼盖中心相邻的网格节间位置（测点 c 和 d），其轴向最大拉力为 128.60kN。

表 2.1 组合楼盖有限元模型挠度分析结果

位置	坐标		挠度 ω/mm		
	x/m	y/m	5.5kN/m^2	3.5kN/m^2	1.5kN/m^2
1	−4.500	4.500	0.000	0.000	0.000
2	−3.000	−3.000	−10.502	−5.102	−1.810
3	−1.500	−1.500	−26.379	−11.722	−4.962
4	0.000	0.000	−32.620	−15.572	−6.391
5	1.500	−1.500	−26.379	−11.722	−4.962
6	3.000	−3.000	−10.502	−5.102	−1.810
7	4.500	−4.500	0.005	0.006	0.005
8	0.000	1.500	−29.346	−11.643	−5.630
9	0.000	3.000	−18.630	−7.478	−3.290
10	0.000	4.500	0.000	0.000	0.000

表 2.2　组合楼盖有限元模型轴力分析结果

位置	坐标		轴力 N/kN		
	x/m	y/m	5.5kN/m²	3.5kN/m²	1.5kN/m²
a	−3.750	0	53.80	25.38	11.48
b	−2.250	0	101.30	50.35	26.73
c	−0.750	0	128.60	65.14	33.98
d	0.750	0	128.60	65.14	33.98
e	2.250	0	101.30	50.35	26.73
f	3.750	0	53.80	25.38	11.48
g	−3.750	−1.500	39.33	20.83	10.30
h	−2.250	−1.500	91.37	45.39	23.69
i	−0.750	−1.500	115.30	59.69	29.96
j	0.750	−1.500	115.30	59.69	29.96
k	2.250	−1.500	91.37	45.39	23.69
l	3.750	−1.500	39.33	20.83	10.30

(2) 拟夹层板方法计算结果

基于连续化分析理论计算方法,通过MATLAB软件二次编制程序计算简支模型的内力和挠度。表2.3给出了上弦节点测点1~9计算程序输出的挠度值。表2.4列出了T型钢下弦12个杆件节间测点的轴力值。由计算结果可知,楼盖最大挠度出现在跨中4号测点处,其挠度为34.324mm,下弦肋杆的最大轴向拉力出现在以 y 轴为对称轴的 c、d 两个测点,其值为135.34kN。

表 2.3　组合空腹楼盖连续化分析方法挠度计算结果

位置	坐标		挠度 ω/mm		
	x/m	y/m	5.5kN/m²	3.5kN/m²	1.5kN/m²
1	−4.500	4.500	0.000	0.000	0.000
2	−3.000	3.000	−11.732	−5.796	−2.132
3	−1.500	1.500	−28.845	−13.312	−5.476
4	0.000	0.000	−34.324	−17.594	−6.898
5	1.500	−1.500	−28.845	−13.312	−5.476
6	3.000	−3.000	−11.732	−5.796	−2.132
7	4.500	−4.500	0.000	0.000	0.000

续表

位置	坐标		挠度 ω/mm		
	x/m	y/m	5.5kN/m²	3.5kN/m²	1.5kN/m²
8	0.000	1.500	−31.465	−12.879	−6.152
9	0.000	3.000	−20.324	−8.194	−3.818
10	0.000	4.000	0.000	0.000	0.000

表2.4 组合空腹楼盖连续化分析方法轴力计算结果

位置	坐标		轴力 N/kN		
	x/m	y/m	5.5kN/m²	3.5kN/m²	1.5kN/m²
a	−3.750	0	57.32	31.28	13.17
b	−2.250	0	111.30	55.78	30.25
c	−0.750	0	135.34	71.16	37.78
d	0.750	0	135.34	71.16	37.78
e	2.250	0	111.30	55.78	30.25
f	3.750	0	57.32	31.28	13.17
g	−3.750	−1.500	44.65	23.60	12.13
h	−2.250	−1.500	101.56	49.82	26.70
i	−0.750	−1.500	123.34	64.18	33.16
j	0.750	−1.500	123.34	64.18	33.16
k	2.250	−1.500	101.56	49.82	26.70
l	3.750	−1.500	44.65	23.60	12.13

（3）两种分析方法的比较

拟夹层板法和有限元方法挠度的对比如图2.9所示。由图2.9可知，连续化计算方法与有限元分析方法的挠度曲线偏差较小，连续化分析得到的值稍大，各个测点挠度偏差在15%以内。计算结果表明，在空腹板的挠度求解上，拟夹层板法具有较理想的求解精度，能满足设计应用的要求。通过两条肋的骨架变形曲线与连续化分析方法所得结果对比可知，连续化分析所得的挠度值偏大，表明用拟夹层板法求得的挠度值偏于保守，用挠度判断结构刚度大小时安全冗余度较高。

拟夹层板法和有限元方法各测点轴力的对比如图2.10所示。从图2.10中可以看出，两种求解方法获得的各测点的轴力存在显著的差异，拟夹层板法的轴

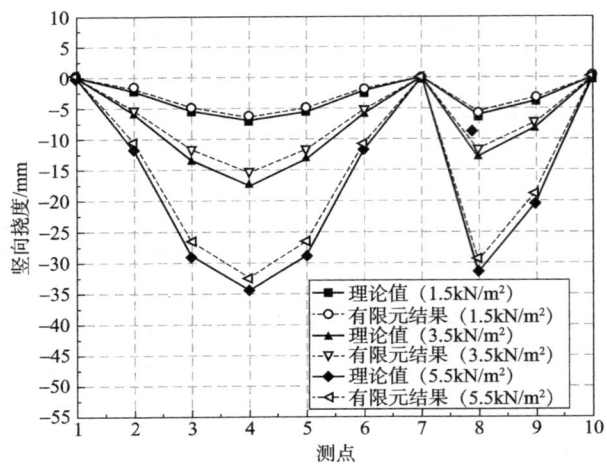

图 2.9 拟夹层板法和有限元方法挠度的对比

力计算值整体较大,两种方法的计算结果相差 18% 左右,表明拟夹层板法具有良好的安全冗余。出现偏差的原因是在有限元计算过程中考虑了表层叠合板的作用,实际中和轴位于组合上肋的混凝土板内靠近混凝土上表面的区域,其受压区高度相比拟夹层板方法中受压区高度位于板的形心处要低,因此在刚度折算时存在较大的误差,导致用拟夹层板计算方法获得的抗弯刚度减小;同时,在用拟夹层板法求解的过程简化了计算过程,未考虑空腹组合梁节点处局部弯矩的作用。

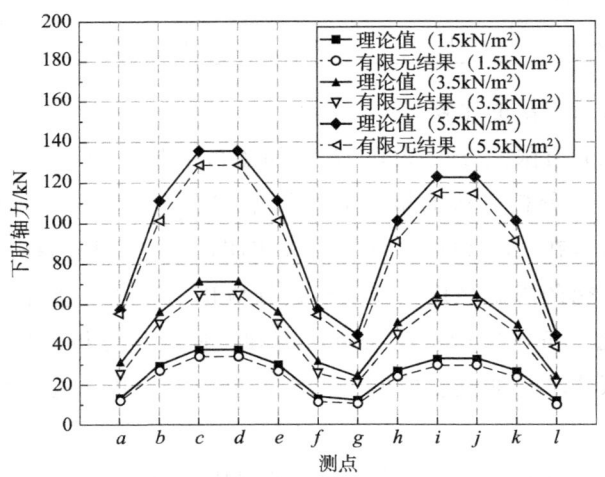

图 2.10 拟夹层板法和有限元方法各测点轴力的对比

2.4 小　　结

本章基于连续化理论下的拟夹层板法对倒置 T 型钢-混凝土组合空腹夹层板楼盖（ITSOF）的力学模型进行了受力分析，推导出有和无混凝土叠合板刚度贡献条件下夹层板楼盖的偏微分方程。在四边简支的边界条件下，推导得到上下肋杆件的内力计算公式。通过有限元软件建立四边简支的楼盖模型，分析了不同荷载等级下楼盖关键测点的挠度及下肋轴力变化曲线。将有限元分析结果与采用连续化理论的计算结果进行对比分析，结果显示连续化理论对于 ITSOF 具有良好的求解精度，改进型组合楼盖主要呈现板的受力特征。

第 3 章 装配式倒置 T 型钢-混凝土组合空腹夹层板楼盖静力试验和理论分析

3.1 引 言

本章将对倒置 T 型钢-混凝土组合空腹夹层板楼盖的受力性能进行试验研究，探讨不同荷载等级下结构的竖向变形特性、典型破坏模式、关键位置的应力变化规律等。然后，基于 Abaqus-v14.0 软件建立精细化有限元模型，对试验模型进行补充验证分析，获得结构塑性阶段的挠度发展趋势、钢网格应力分布规律及混凝土板的裂缝演化规律。最后，以组合楼盖的钢网格为研究对象，进行一系列参数化分析，探究关键参数对结构受力性能的影响规律，对该种结构主要构件的优化和设计提出相应的建议。

3.2 楼盖整体试验装置及加载方案

3.2.1 试验模型参数

设计并制作一个全尺寸改进型钢-混凝土组合空腹夹层板楼盖模型，进行竖向均布荷载作用下的静力试验。楼盖平面如图 3.1 所示，采用 12 根尺寸为 300mm×8mm 的方形钢管沿周边布置，柱子高度和间距均为 3.0m，柱脚与混凝土基础采用预埋锚栓刚性连接，板件详细尺寸和构造见图 3.2。楼盖每边取 6 个网格，单个钢网格尺寸为 1.5m×1.5m。楼盖上、下弦截面尺寸为 T62.5mm×125mm×6.5mm×8.5mm，与方钢管剪力键（150mm×5.6mm）等强对焊连接，剪力键方钢管内隔板尺寸为 138.8mm×138.8mm×8.5mm，与方钢管内壁坡口焊接。组合楼盖（$h=300\mathrm{mm}$）由底部钢空腹钢梁（高度为 $294\mathrm{mm}$）、底部预制板（厚度为 $40\mathrm{mm}$）、表层叠合板（厚度为 $50\mathrm{mm}$）三部分组成，楼盖断面详细尺寸如图 3.2(b) 所示。其中，预制板和叠合层钢筋网片均采用双向间距为 $100\mathrm{mm}$、直径为 $6.5\mathrm{mm}$ 的光圆钢筋。如图 3.1(b) 所示，沿上肋腹板走向布置的 U 形抗剪键直径为 $10\mathrm{mm}$，高度为 $65\mathrm{mm}$，长度为 $150\mathrm{mm}$，布置间隔为 $100\mathrm{mm}$，焊接于上肋翼缘单侧。表层钢筋网片通过抗剪键与上弦 T 型钢腹板连接，表层钢筋从 U 形剪力键内侧穿过，确保表层叠合板与钢空腹梁形成整体连接 [图 3.1(c)]，表层叠合层采用混凝土现浇而成，最终形成整个楼盖结构。

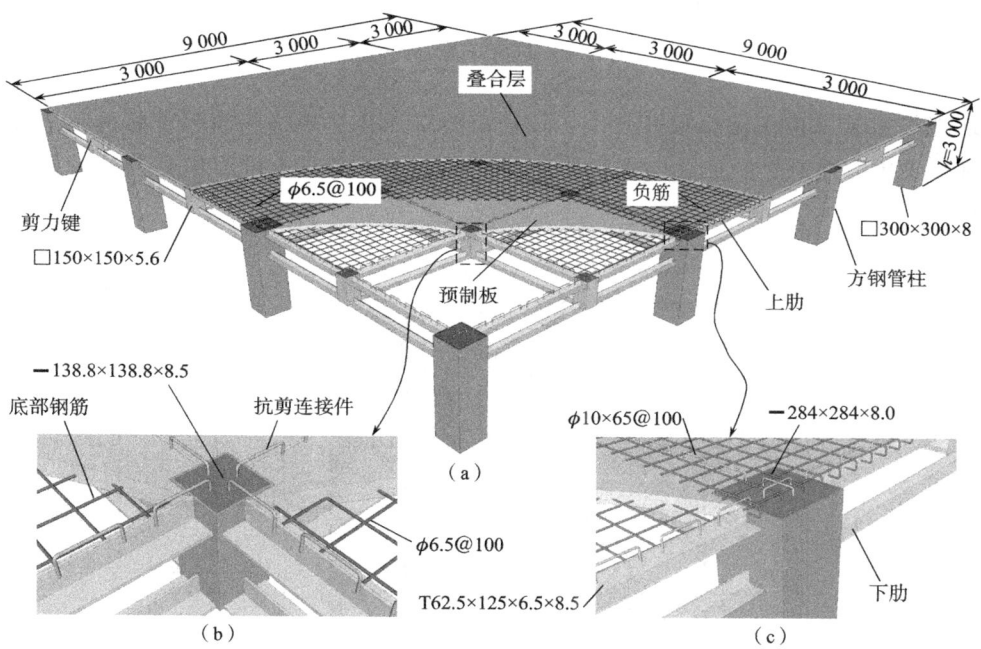

图 3.1 改进型钢-混凝土组合空腹夹层板楼盖的构造

3.2.2 楼盖模型制作流程

为便于施工安装，将组合楼盖的钢网格划分成不同的装配单元，如图 3.3(a) 所示。预制的钢网格单元通过等强对焊完成现场装配。根据板厚和施工条件，网格单元在工厂制作过程中，部分板件在焊接之前需做坡口倒角预加工 [图 3.3（b）]。所有的单元均在工厂完成焊接，然后将预制单元模块运输到工

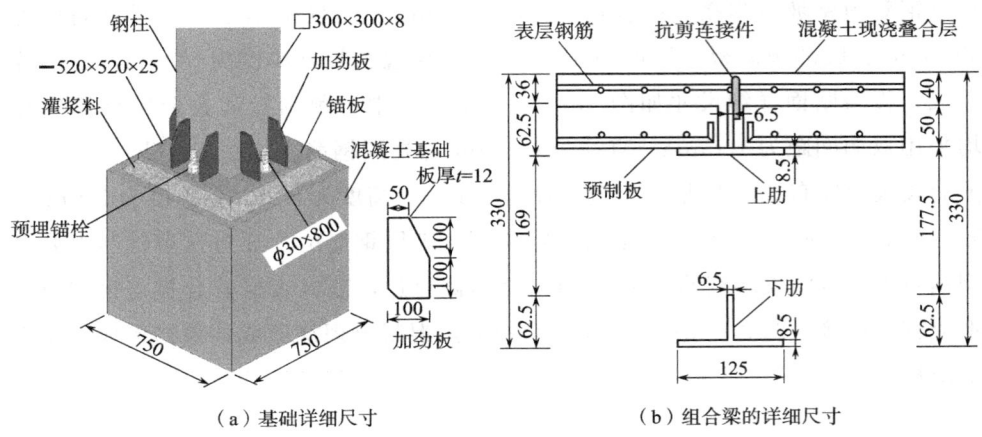

(a）基础详细尺寸　　　　（b）组合梁的详细尺寸

图 3.2　ITSOF 截面尺寸

地现场组装。由于截面尺寸较小，按规范要求无合适规格的高强度螺栓，所以现场采用等强对焊的形式完成模块的拼装。图 3.4 所示为试验模型的装配和制作流程。

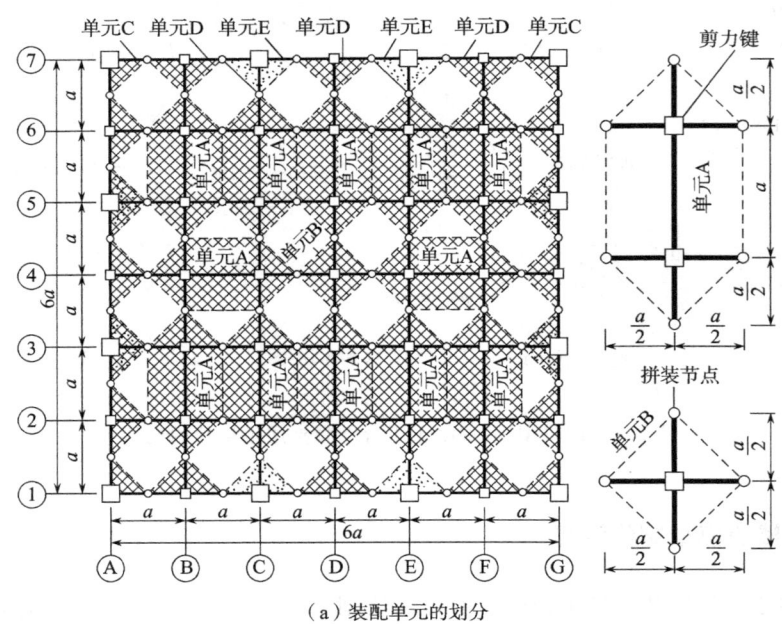

（a）装配单元的划分

图 3.3　ITSOF 单元的划分和单元之间的焊接构造

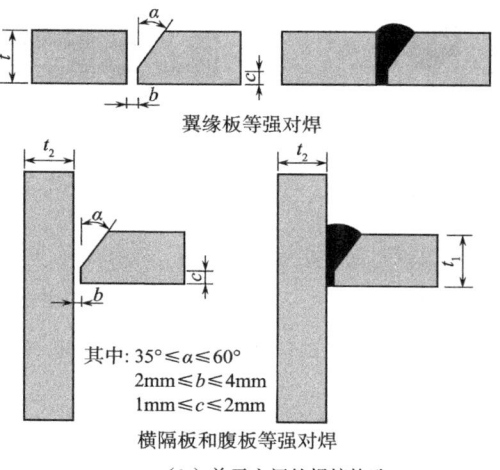

翼缘板等强对焊

其中：35°≤a≤60°
2mm≤b≤4mm
1mm≤c≤2mm

横隔板和腹板等强对焊

（b）单元之间的焊接构造

图 3.3　ITSOF 单元的划分和单元之间的焊接构造（续）

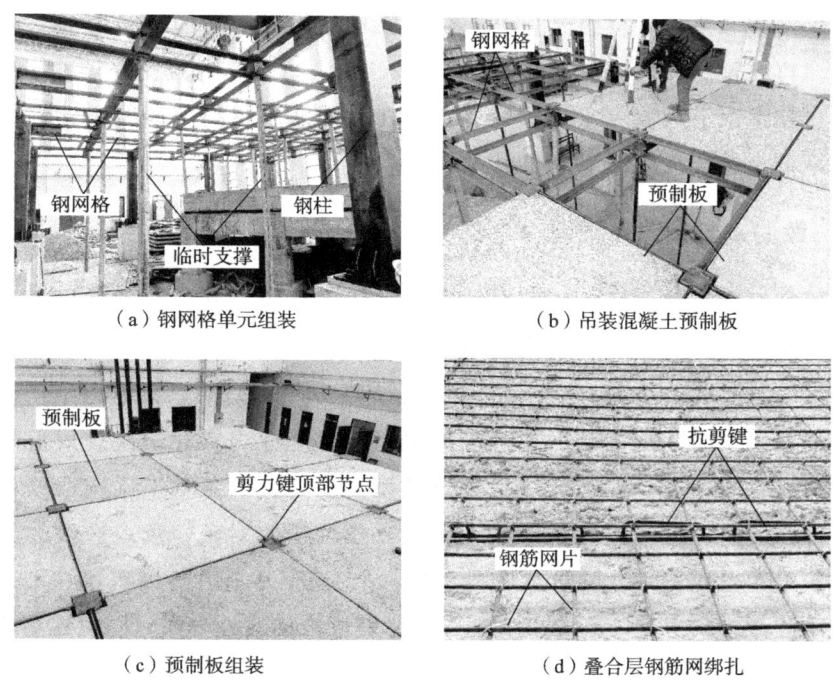

（a）钢网格单元组装　　　　　　（b）吊装混凝土预制板

（c）预制板组装　　　　　　（d）叠合层钢筋网绑扎

图 3.4　ITSOF 试验模型装配和制作流程

(e)叠合层混凝土现浇　　　　(f)混凝土叠合板养护完成

图 3.4　ITSOF 试验模型装配和制作流程（续）

试验模型的现场制作过程主要包括：①钢网格制作和安装。工厂加工制作，现场安装钢网格单元［图 3.4(a)］。②吊装混凝土预制板。所有预制板在吊装前进行预制，采用工业化生产，将预制板吊装放置在方形网格槽内［图 3.4(b,c)］。③绑扎叠合层钢筋网。完成表层钢筋网的绑扎，并与抗剪键绑扎固定［图 3.4(d)］。④灌缝和浇筑叠合层混凝土。在腹板与预制板之间的缝隙内灌入高强灌浆材料，再在预制板表面浇筑混凝土［图 3.4(d,e)］。⑤混凝土养护。根据规范的要求，在室温下对混凝土板进行养护，在高强注浆材料与混凝土达到设计强度后，钢梁与叠合板产生组合作用［图 3.4(f)］。

3.2.3　数据采集装置布置

为研究组合楼盖（ITSOF）在均布荷载作用下应变和位移的发展规律，在柱上和跨中钢空腹梁关键位置布置电阻式应变片，在组合楼盖底部设置线位移传感器（linear variable differential transformers，LVDTs），以监测结构竖向挠度变化情况。同时，在每个加载阶段采用裂缝宽度计观察并记录表层混凝土叠合板的裂缝开展情况。在充分考虑试验模型的对称性的条件下，选取结构模型左侧角部四分之一区域（跨中和柱上板带）作为研究对象，重点选取③轴和④轴的空腹梁布置应变片［轴号参见图 3.3(a)］。应变片沿着跨度布置在上下肋表面，用于测量轴向应变，部分应变片沿翼缘宽度方向对称分布，同时在剪力键方钢管沿跨度内侧的关键部位布置应变片。除此之外，14 个位移计放置在两条半跨板带的剪力键底部，用于测量荷载作用下结构的竖向位移。试验装置应变片布置位置如图 3.5 所示。试验中记录每一级荷载作用下应变片和位移计的数据变化，并观测裂缝的开展和结构破坏情况。应变片布置现场如图 3.6 所示。

第3章 装配式倒置 T 型钢-混凝土组合空腹夹层板楼盖静力试验和理论分析

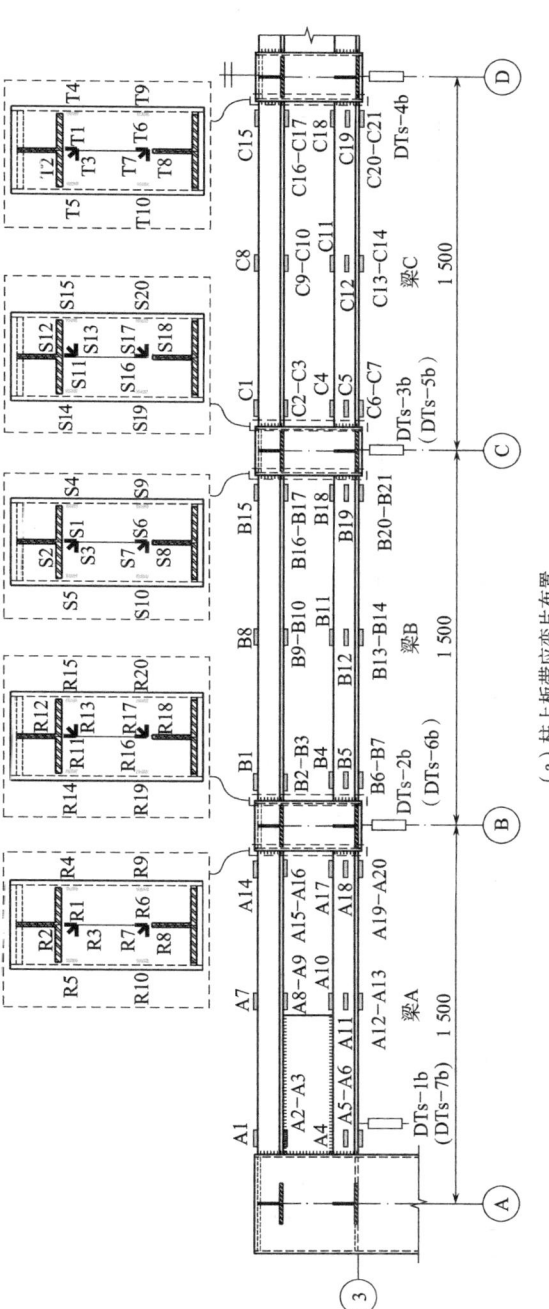

(a) 柱上板带应变片布置

图 3.5 改进型 SOF (ITSOF) 试验装置应变片布置位置

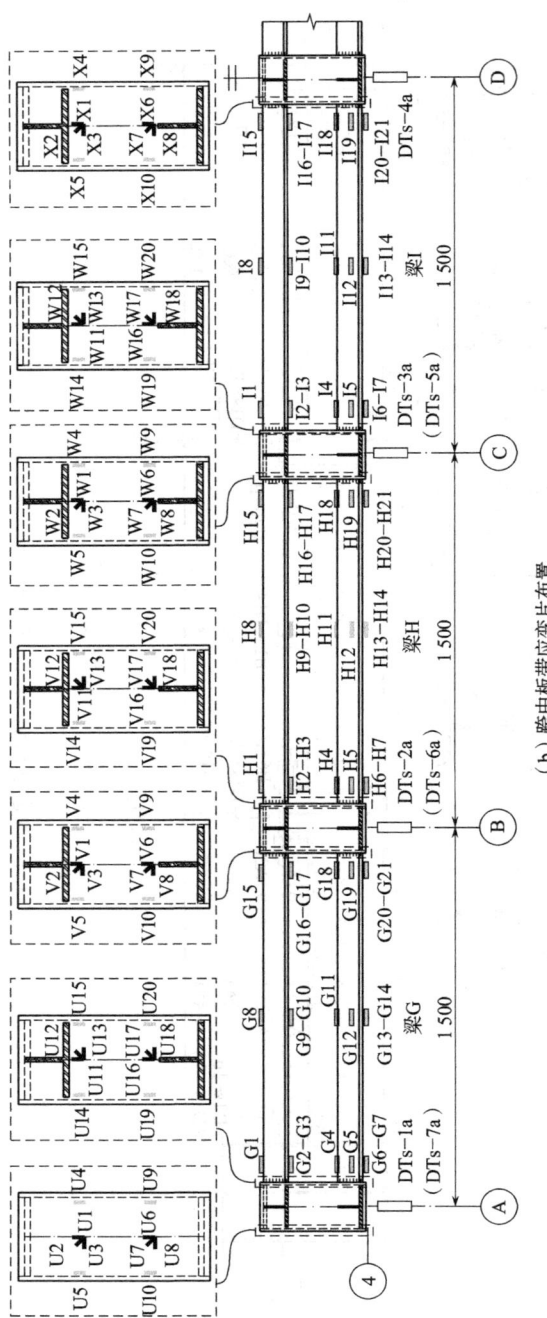

图 3.5 改进型 SOF（ITSOF）试验装置应变片布置位置（续）

(b) 跨中板带应变片布置

第3章 装配式倒置T型钢-混凝土组合空腹夹层板楼盖静力试验和理论分析

图 3.6 空腹梁应变片布置现场

3.2.4 材料力学性能试验

试验装置中钢空腹梁的上下肋为T型钢,材质为Q235B,采用标准工字钢梁通过水切割(无热应力产生)方式沿腹板水平方向一剖为二,形成成品标准T型钢上下肋构件,方钢管柱和剪力键均为成品型材。在加工完成的同一批次T型钢和成品方钢管中,随机截取样本材料,其中T型钢、剪力键和柱体各加工3个标准试件共计9个样本。钢筋和型钢构件试件尺寸按照相应规范进行加工和单轴拉伸试验,其中型钢试件尺寸示意图如图3.7所示,具体尺寸见表3.1。型钢和钢筋拉伸试验现场和试件破坏情况如图3.8和图3.9所示。

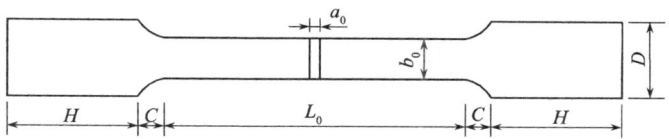

图 3.7 型钢拉伸试验试件尺寸示意图

表 3.1 试件规格   单位:mm

参数	T型钢	剪力键方钢管	钢柱方钢管
	第一组	第二组	第三组
H	50	50	50
C	15	15	15
L_0	90	90	90
a_0	8.5	5.6	8.0
b_0	20	20	20
D	15	15	15

 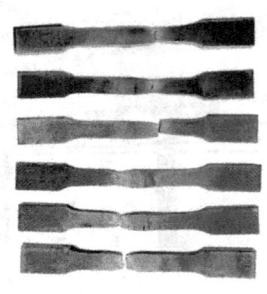

(a)型钢拉伸试验现场　　(b)型钢材料部分试件破坏情况

图 3.8　型钢拉伸试验现场和试件破坏情况

 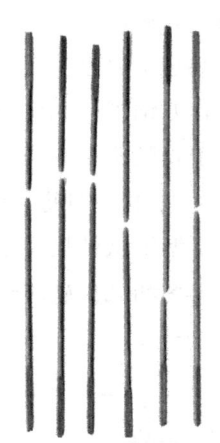

(a)钢筋拉伸试验现场　　(b)钢筋试件拉断情况

图 3.9　钢筋拉伸试验现场和试件破坏情况

本次试验中从预制板到表层现浇叠合层的浇筑均采用 C30 商品混凝土，在施工过程中，混凝土试件是分组浇筑的，每组由三个标准立方体混凝土试件组成。这些边长为 150mm 的标准立方体混凝土试件分为三组：预制板预制阶段试件为Ⅰ组，灌缝浇筑阶段试件为Ⅱ组，叠合层浇筑阶段试件为Ⅲ组。随后，将这些混凝土试件放置在与结构模型相同的自然条件下并进行养护和测试。试验现场如图 3.10 所示。

根据《混凝土结构设计规范》（GB 50010—2010）[64] 可知混凝土轴心抗压强度标准值与立方体抗压强度之间的换算关系为

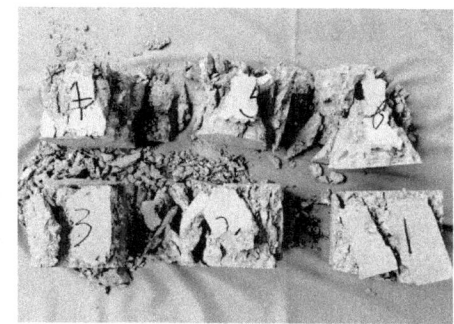

图 3.10　混凝土标准试件力学性能测试

$$f_c = 0.88 a_1 a_2 f_{cu} \quad (3.1)$$

式中　a_1——棱柱体与立方体的强度之比,混凝土强度等级 C50 及以下取 $a_1=0.76$;

a_2——高强度混凝土的脆性折减系数,C40 及以下取 $a_2=1.00$。

式中系数 0.88 为考虑实际构件与试件混凝土强度的差异而取的折减系数。

混凝土的轴心抗拉强度标准值 f_t 可参考以下公式计算获得:

$$f_t = 0.88 \times 0.395 f_{cu}^{0.55} (1-1.645\delta_c)^{0.45} \times a_2 \quad (3.2)$$

式中　δ_c——混凝土的变异系数,C30 混凝土取 $\delta_c=0.156$。

混凝土弹性模量根据《混凝土结构设计规范》(GB 50010—2010)按下式确定:

$$E_c = \frac{10^5}{2.2 + \dfrac{34.7}{f_{cu}}} \quad (3.3)$$

所有材料的力学性能测试结果见表 3.2。

表 3.2　型钢、钢筋和混凝土力学性能测试结果

型钢和钢筋				混凝土			平均值	
型材	f_y/MPa	f_u/MPa	E_s/MPa	分组	f_{cu}/MPa	E_c/MPa	f_{cu}/MPa	E_c/MPa
T 型钢截面	320.45	277.76	2.07×10^5					
剪力键	327.18	285.44	2.08×10^5	Ⅰ组	32.85	3.12×10^4		
钢柱	325.43	273.34	2.12×10^5	Ⅱ组	30.04	3.08×10^4	32.30	3.08×10^4
钢筋	356.00	235.18	2.16×10^5	Ⅲ组	34.00	3.03×10^4		

注:f_y 为型钢的屈服强度,f_u 为型钢的极限强度,E_s 为型材的弹性模量,f_{cu} 为混凝土的屈服强度,E_c 为混凝土的弹性模量,型钢的泊松比取 0.3,混凝土的泊松比取 0.2。

3.2.5 加载方案

试验采用标准砝码以均布堆载的形式加载。加载前采用墨斗沿轴线弹好整个楼盖平面的网格。以单个网格（1.5m×1.5m）为加载对象，将每一级荷载换算成每个网格需要均布堆放的砝码数量，单个标准砝码的质量为25kg。如在加载阶段Ⅰ，每级荷载施加1.5kN/m²，换算成单个网格堆放砝码的数量为13.5个，整个楼盖该级荷载需堆放486个砝码 [图3.11(b)]。标准砝码由人工搬入吊篮，每次装载以200个砝码为计量单位，由行车起吊悬吊于楼盖上方，由工人二次搬运至对应网格。加载顺序为先周边后中间，由周边网格向中间网格均布摆放 [图3.11(c)]。每一级荷载加载完毕后，静置15min，然后采集数据存档，再进行下一级荷载的加载。

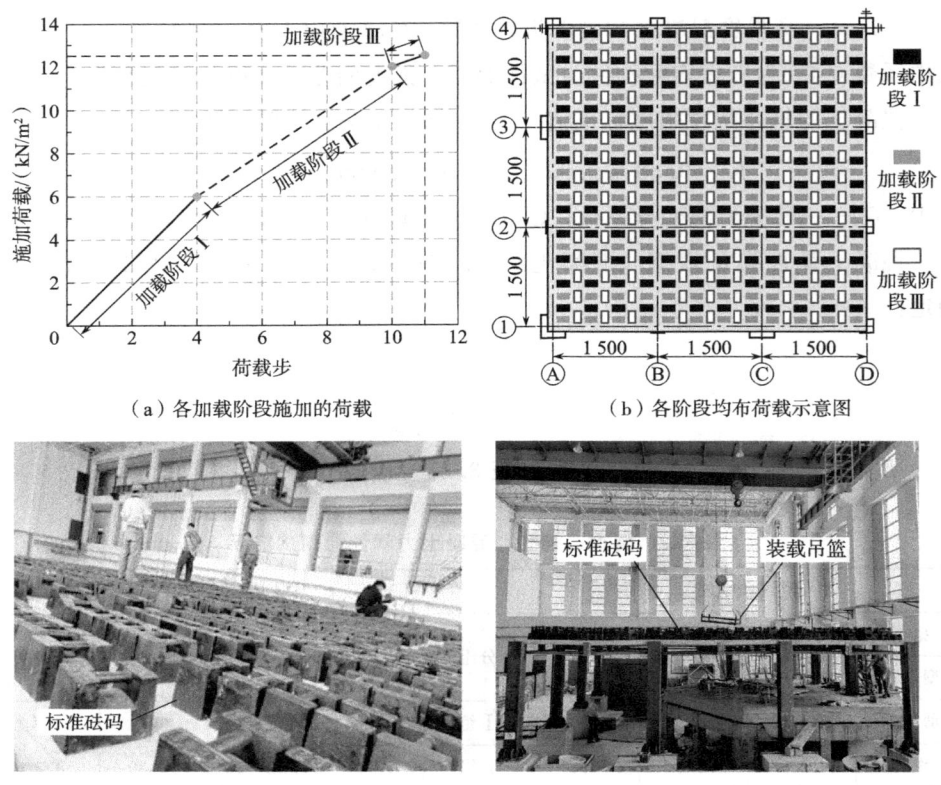

（a）各加载阶段施加的荷载　　（b）各阶段均布荷载示意图

（c）试验加载现场

图3.11 模型加载方案

在试验的预加载阶段，采用 1.5kN/m² 荷载连续加载三次来调试试验数据采集装置，确保应变片、位移计及对应的采集仪数据记录良好，然后卸载。正式加载开始后，荷载由 0 加载到 12.5kN/m²，加载曲线如图 3.11(a)所示。

3.3 楼盖试验结果与分析

3.3.1 荷载-挠度曲线

图 3.12 为 ITSOF 跨中和柱上板带（③轴和④轴板带）各测点在不同等级荷载下的挠度曲线。分析两条板带的挠度曲线可知：结构变形以弯曲变形为主，呈现碗状特征；在加载早期阶段各测点的挠度呈线性递增，随着荷载增加，测点下挠幅度增长明显，位移增量呈非线性递增；当荷载超过 11kN/m² 时，柱上板带下肋截面和部分角焊缝逐渐屈服，刚度下降，各测点挠度均显著增加，板带开始由弹塑性变形阶段进入塑性破坏阶段。分析两条板带在相同等级荷载作用下的挠度可知，柱上板带相比跨中板带具有更小的竖向挠度，其主要原因可能是，受柱约束作用，柱上板带比跨中板带具有更大的刚度。因此，在加载后期，型钢构件受拉破坏均发生在柱上板带双向交叉点，即下肋交会处。

图 3.13 所示为跨中板带中心测点（DTs-4a）的荷载-挠度曲线。由图 3.13 可知，跨中测点荷载-挠度曲线可以分为三个工作阶段：弹性工作阶段（OA）（A 点分为 A_1 和 A_2）、带裂缝工作阶段即弹塑性阶段（AB）（B 点分为 B_1 和 B_2）、破坏阶段（BC）（C 点分为 C_1 和 C_2）。在弹性工作阶段（OA），两条板带中心点挠度随着荷载增加而增加，表现出线性特征，结构挠度较小。随着荷载增加，柱头叠合板裂缝开展，结构的刚度进一步下降，中心测点的挠度显著增加，呈现出非线性特征，此时楼盖处于带裂缝工作阶段（AB）。当荷载达到 8.0kN/m² 时，测得跨中板带最大挠度为 33.1mm，此时挠度小于《钢结构设计标准》（GB 50017—2017）[65] 中推荐的正常使用极限状态控制挠度 36mm（$L/250$），满足设计荷载 7.0kN/m² 下的挠度控制要求。当荷载超过 11.0kN/m² 时，柱上板带部分剪力键底部焊缝逐渐屈服，同时板带跨中下肋塑性应变加大，下肋柱上板带的角焊缝逐渐屈服［图 3.13(b,c)］。分析可知，结构在较小的均布荷载增量条件下，挠度急剧增加，结构进入了塑性破坏阶段（BC）；板带挠度虽然明显增加，但仍表现出良好的变形能力，此时楼盖静力测试中止。

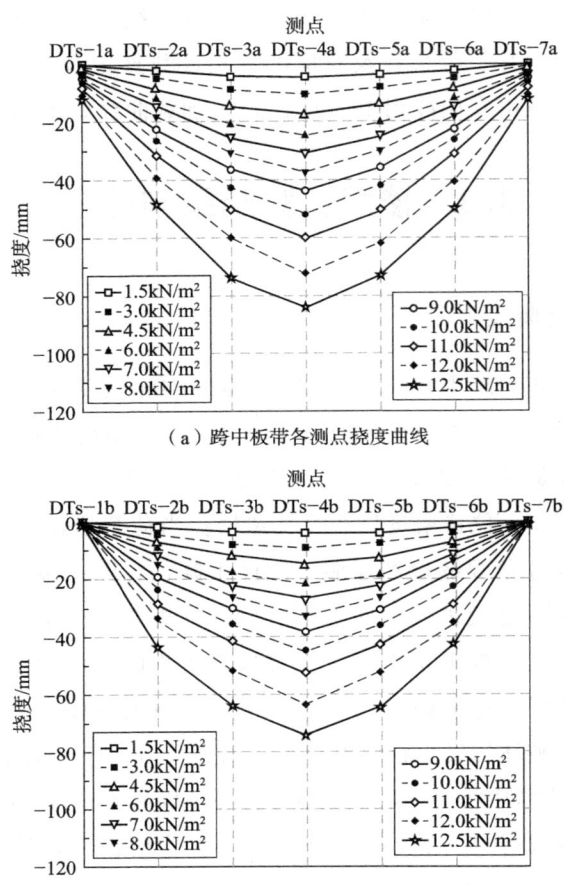

图 3.12 不同荷载步下各测点挠度曲线

3.3.2 典型试验现象

通过观测整个加载阶段可获得新型楼盖结构的三种破坏模式:

1) 柱上叠合板弯曲破坏:靠近柱头负弯矩区和周边支座,叠合板上表面受拉出现裂缝,混凝土板退出工作,负弯矩区刚度降低,跨中挠度增大。

2) 下弦弯曲屈服:当荷载增大到屈服荷载时,跨中下弦杆发生塑性弯曲变形,导致楼板竖向挠度急剧增大。

3) 焊缝节点撕裂破坏:当楼盖荷载增长到屈服荷载时,在跨中受拉荷载作用下,下弦横隔板角焊缝发生破坏,并伴有剪力键方钢管的面外变形和局部撕裂。

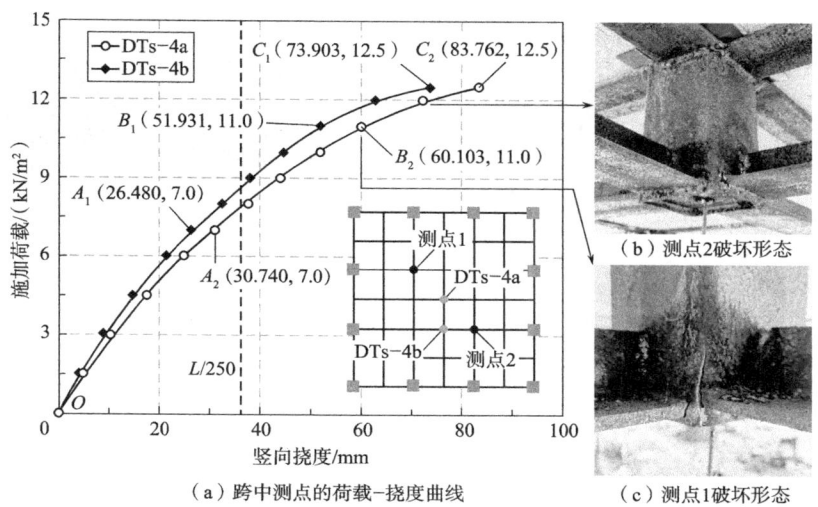

图 3.13 跨中关键测点的荷载-挠度曲线及对应节点的破坏形态

1. 钢网格破坏情况

在加载的初始阶段，楼盖的挠度增长幅度较小，型钢构件并未发生明显弯曲变形和局部破坏。当荷载增加到 8.0kN/m² 时，混凝土板的裂缝逐渐开展，结构刚度有轻微下降，竖向变形逐渐增大。当施加的荷载达到 11.0kN/m² 时，观察到破坏现象发生在③轴和Ⓑ轴相交的节点处，剪力键底部横隔板与方钢管内壁角焊缝断裂[图3.14(a)]，方钢管剪力键沿下肋水平方向发生面外变形[图3.14(b)]，伴随着金属撕裂时的尖锐声响。分析可知，破坏节点位于柱上板带的交汇点，双向正交的下肋轴向拉力在此交会，出现应力集中。下肋属于拉弯构件，此时横隔板焊缝在轴向拉力和弯矩共同作用下断裂，退出工作，水平轴力沿着剪力键方钢管的腹板水平传递，导致剪力键方钢管腹板发生面外受拉变形，并发生局部撕裂。

当荷载达到 12.0kN/m² 时，模型传出金属撕裂的尖锐声响。随着荷载增加，在柱上交会节点处（Ⓔ轴与③轴交汇点位置）出现同样的破坏模式，剪力键底部横隔板角焊缝发生屈服，剪力键方钢管发生面外翘曲变形，在角部位置方钢管母材出现局部撕裂破坏现象，钢梁挠度显著增加，此时加载中止。节点破坏模式如图3.15所示。

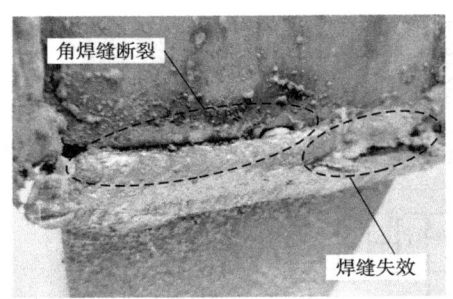
（a）剪力键底部视图

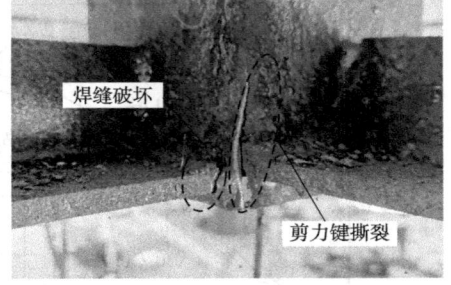
（b）剪力键侧面视图

图 3.14　剪力键典型破坏模式

（a）底部焊缝断裂

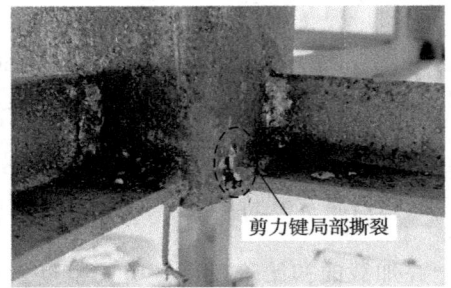
（b）剪力键撕裂

图 3.15　角焊缝典型破坏模式

在交叉节点处观察到的破坏可能的原因如下：

1）在下弦杆弯曲变形和双向轴力作用下，空腹梁与剪力键方钢管节点处出现应力集中，角焊缝在塑性早期阶段发生破坏。

2）角焊缝的工艺不符合设计要求，试件中部分角焊缝存在初始缺陷。

2. 混凝土板裂缝开展

图 3.16(a)为卸载完成后 1/4 区域上表面和侧向裂缝分布。在加载初始阶段（OA），在混凝土叠合板的顶部和底部表面上未观测到开裂现象。当荷载增加到 8.0kN/m², 首次观察到环绕中柱的混凝土叠合层上表面出现少量细微裂缝。当荷载增加到 10.0kN/m², 中柱周边叠合板上表面裂缝区域扩大，沿柱头环向发展，同时有少量细微裂缝向跨中方向延伸，但未向叠合板下表面贯通，测得裂缝宽度可达 0.15～0.3mm［图 3.16(b,e)］；角柱周边混凝土板出现不规则裂缝，并随着荷载的增加不断沿角柱环向发展和延伸，最大裂缝宽度为 0.15mm。

当荷载达到 11.0kN/m² 时，柱头周边的叠合板裂缝进一步向叠合板侧面延伸，周边边框剪力键顶部也出现水平延伸的裂缝，且未延伸到上下表面。当荷载达到 12.5kN/m² 时，中柱周边的裂缝进一步开展和延伸，裂缝的最大宽度达 0.4mm。考虑试验加载过程中人员和采集仪器的安全，此时中止加载，可得到如图 3.16 所示的裂缝分布。

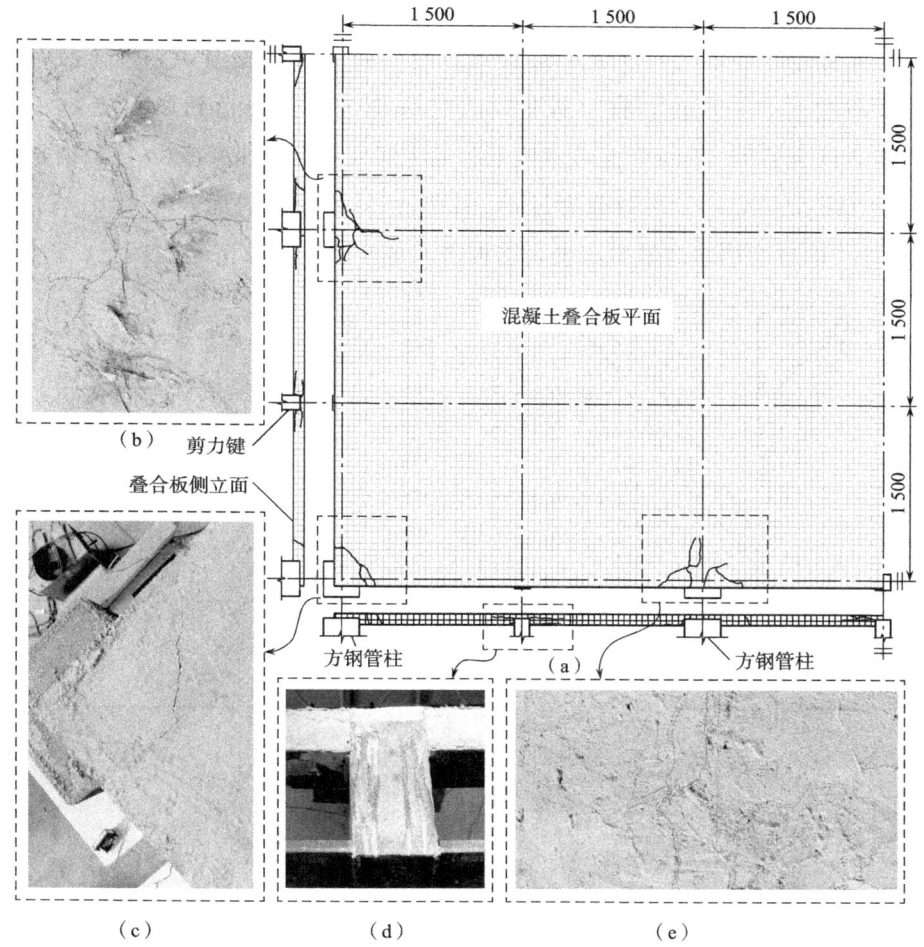

图 3.16 混凝土叠合板裂缝分布

试验模型加载中止后观察混凝土叠合板板底可知，预制板底部未出现裂缝和混凝土压碎现象，叠合板与嵌入式 T 型钢上肋贴合紧密，未出现分离，表明混凝土叠合板与上弦 T 型钢组合作用良好，混凝土受压性能得到充分发挥。

3.3.3 钢结构应变

图 3.17 和图 3.18 所示为不同荷载步下空腹梁 A～C 段和 G～F 段关键位置处的平均应变。在加载的初步阶段，应变随着荷载的增加呈现线性特征，空腹梁上、下弦杆监测点的应变增幅较小，表明结构整体处在弹性受力阶段。随着荷载增加，周边叠合板的裂缝逐渐开展和延伸，楼盖刚度进一步减小，跨中部分弦杆弹塑性应变增大，这表明结构部分测点由弹性阶段向弹塑性阶段过渡。当荷载超过 11.0kN/m²，柱上板带靠近柱头部分测点先达到屈服应变（A1、A10 和 A11 测点），其间空腹梁 C 段下肋翼缘底面趋近于屈服应变，结构进入塑性阶段 [图 3.17(f)]。当荷载超过 12.0kN/m²，翼缘下表面测点 C20、C21 和 C13、C14 的应变均超过屈服应变，结构进入塑性破坏阶段。

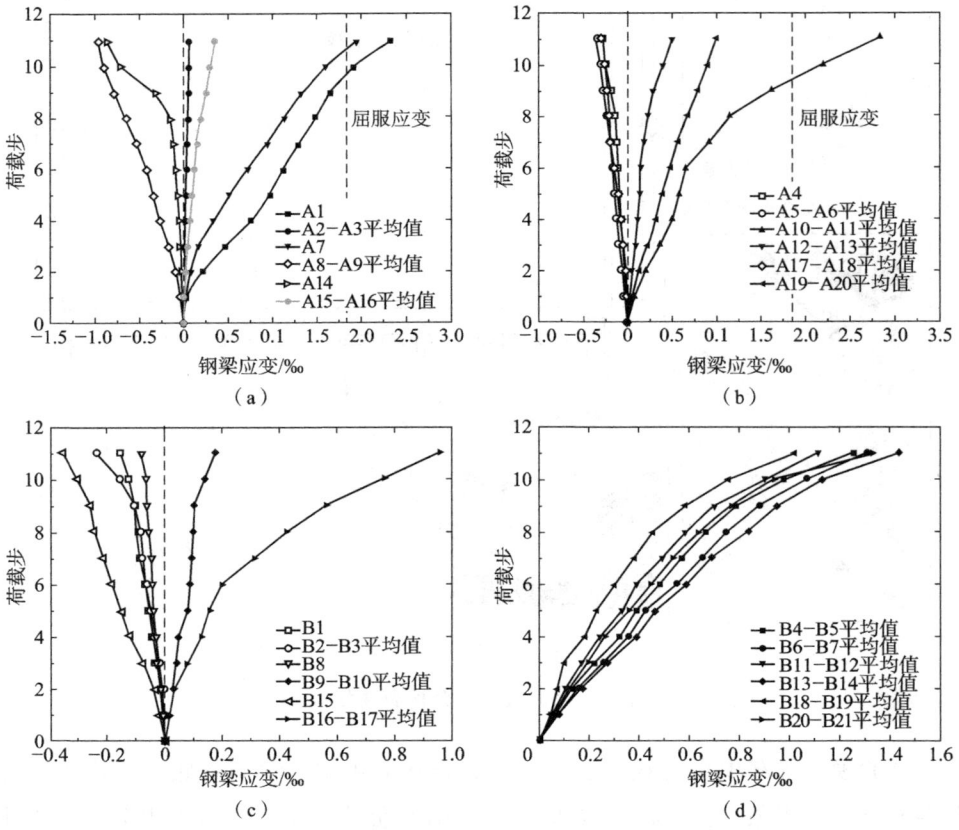

图 3.17 柱上板带空腹梁上下肋关键测点荷载步-应变曲线

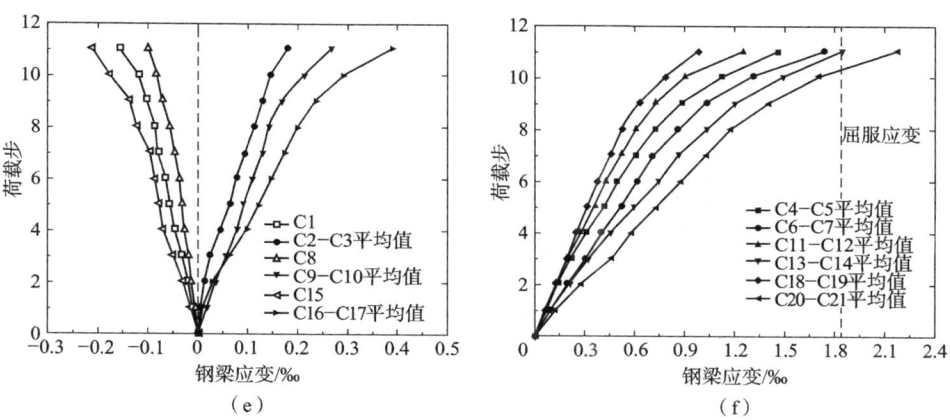

图 3.17 柱上板带空腹梁上下肋关键测点荷载步-应变曲线（续）

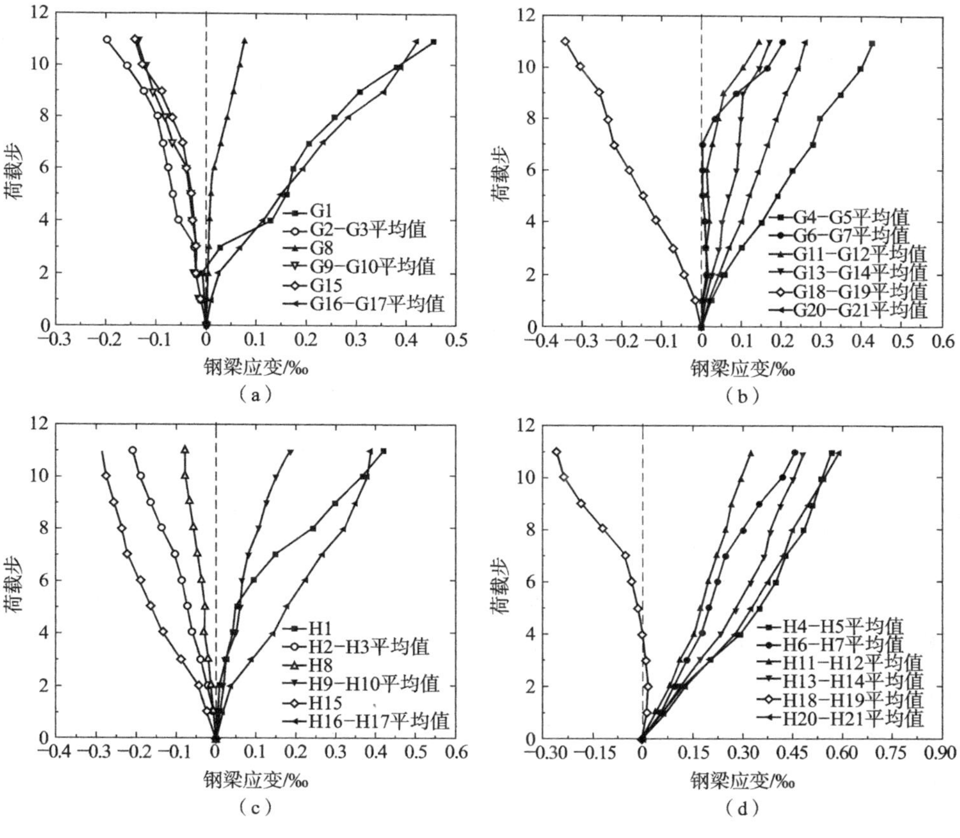

图 3.18 跨中板带空腹梁上下肋关键测点荷载步-应变曲线

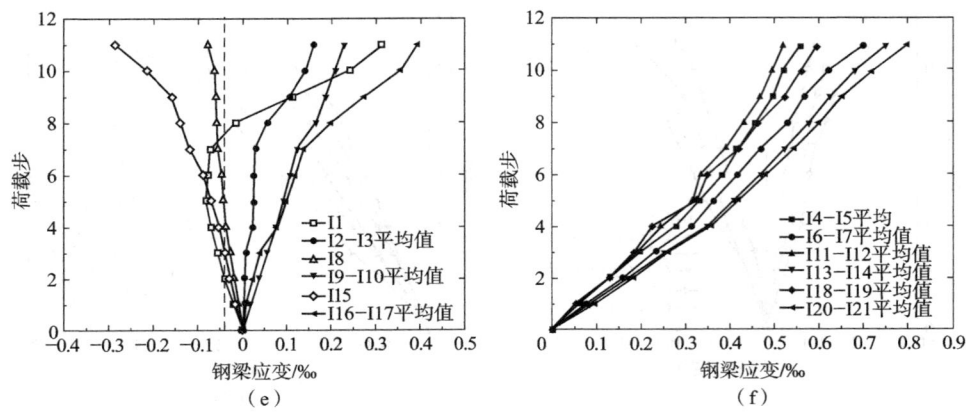

图 3.18 跨中板带空腹梁上下肋关键测点荷载步-应变曲线（续）

分析两条板带在各个阶段的受力特征可知：在跨中正弯矩区空腹梁 B、C 和 H、I 上，下弦杆主要受轴向拉力作用 [图 3.17(d,f)，图 3.18(d,f)]，上弦 T 型钢在几何高度范围内出现拉压应变方向相反的现象 [图 3.17(c,e)，图 3.18(c,e)]，表明在正弯矩区组合梁的中性轴位于上肋 T 型钢内部。此外，分析上、下肋应变幅度可知，空腹梁上肋应变峰值远小于下肋应变，表明在组合作用下混凝土叠合板显著改善了上肋的应力状态，降低了上肋的应力峰值。如图 3.17(a,b) 和图 3.18(a,b) 所示，在靠近支座处邻近剪力键的空腹梁段，上、下肋 T 型钢同一截面不同高度上表现出应力方向相反的受力特点。分析表明，在负弯矩和剪力的双重作用下，在剪力键附近，单一上肋或下肋截面受局部弯矩影响较大。因此，在靠近支座空腹梁段需重点关注局部弯矩和剪力对空腹梁的不利影响，T 型钢腹板远端局部角点可能会出现应力集中的现象，该部位局部应力需重点关注。

图 3.19 所示为剪力键关键测点荷载步-应变曲线，结果显示各测点均未达到屈服应变，表明剪力键作为楼盖的关键构件具有较大的抗剪刚度，有利于控制楼盖的剪切变形。对比分析跨中 [图 3.19(d)] 和支座附近的剪力键 [图 3.19(a,e)] 对应测点应变可知，在相同等级荷载作用下，靠近支座处剪力键的局部平均应变绝对值要大于靠近跨中的剪力键的应变，这是由于越靠近支座处剪力键受到的局部弯矩及水平剪力作用越大。

第 3 章　装配式倒置 T 型钢-混凝土组合空腹夹层板楼盖静力试验和理论分析

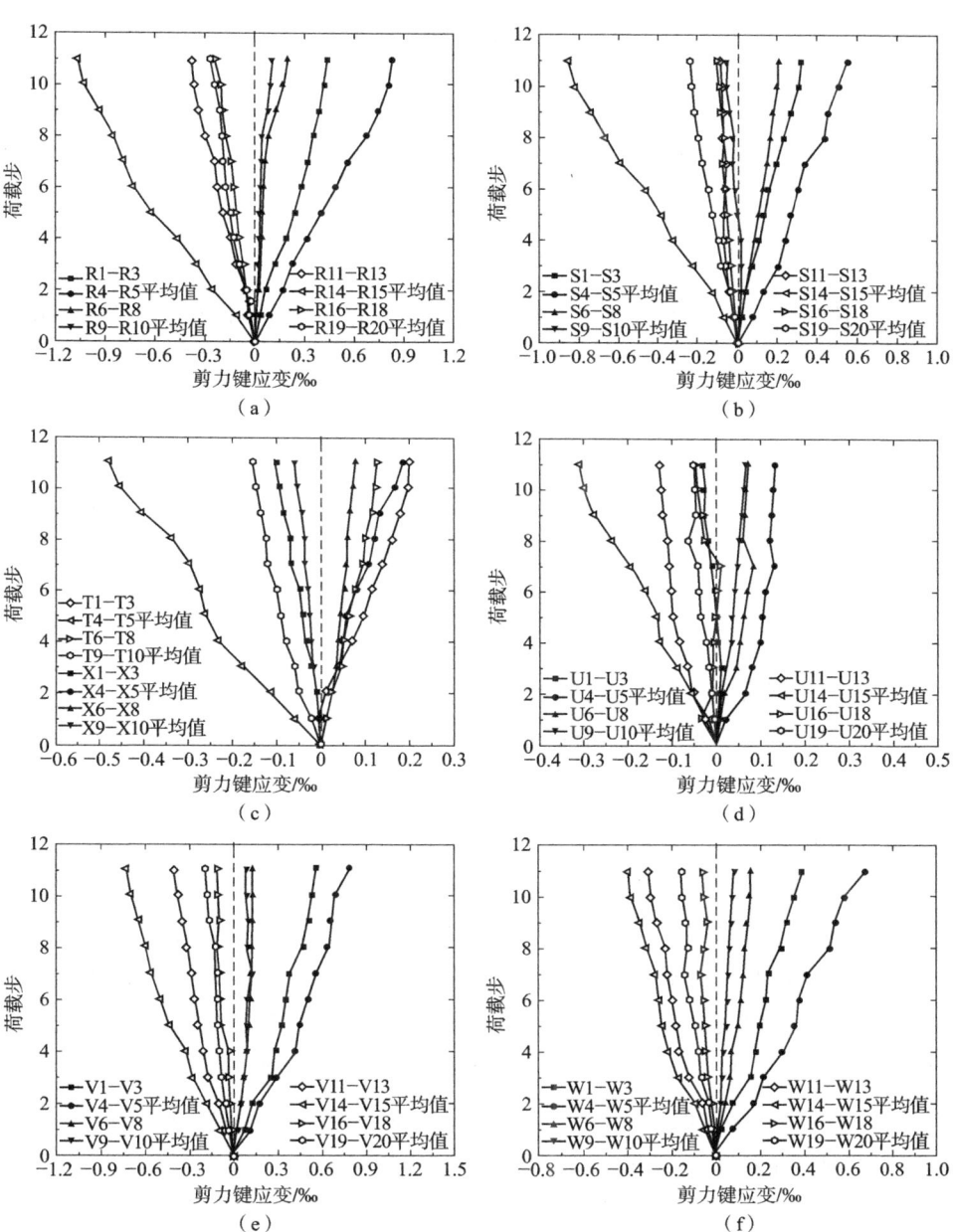

图 3.19　剪力键关键测点荷载步-应变曲线

3.4 有限元分析

3.4.1 有限元模型验证

1. 材料本构关系

为解决试验模型样本数量不足和测试结果覆盖不足的问题,采用 Abaqus-v14.0 软件建立了改进型 SOF 有限元模型。采用多线性等向强化模型 MISO 和 Von Mises 屈服准则对型钢和配筋进行模拟分析[66]。所采用的材料本构关系曲线如图 3.20(a)所示,对应的应力-应变关系可以表示为

$$\sigma_s = \begin{cases} E_s\varepsilon, 0 < \varepsilon < \varepsilon_y \\ f_y, \varepsilon_y < \varepsilon < \varepsilon_u \\ f_y + 0.01E_s(\varepsilon - \varepsilon_u), \varepsilon \geqslant \varepsilon_u \end{cases} \quad (3.4)$$

式中 E_s——钢材和型材的弹性模量;
f_y——钢材和型材的屈服强度;
ε_y——钢材和型材的屈服应变;
ε_u——钢材硬化平台阶段的应变,$\varepsilon_u = 12\varepsilon_y$。

具体材料参数参照表 3.2。

混凝土采用多线性等向强化模型(MISO),破坏准则采用 CDP 塑性损伤模型。该准则已广泛应用于工程结构领域,用于判断不同荷载条件下混凝土结构的损伤和压碎情况。混凝土的单轴应力-应变曲线如图 3.20(b)所示。受拉本构曲线和受压本构曲线上升段均采用《混凝土结构设计规范》(GB 50010—2010)中的计算公式,受压下降段斜直线选用美国学者宏斯塔德(Hognestad)[67]建议的应力-应变关系曲线。其中,混凝土峰值应变 $\varepsilon_0 = 0.002$,极限应变 $\varepsilon_u = 0.0033$,混凝土抗压强度 $f_c = 32.85\text{MPa}$,抗拉强度为 $f_t = 2.01\text{MPa}$。为进一步确定应力和应变之间的关系,需补充输入材料的弹性模量 E_c,具体数值参考表 3.2。采用位移收敛准则和完全牛顿-拉普森(Newton-Raphson)平衡迭代法求解有限元静力加载模型。

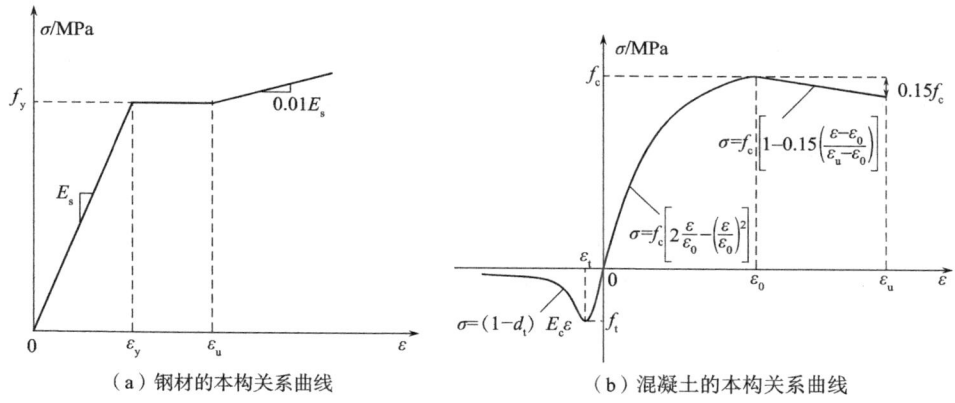

图 3.20　材料的本构关系曲线

图 3.20(b)中：

$$d_t = \begin{cases} 1 - \rho_t(1.2 - 0.2x^5), & x \leqslant 1 \\ 1 - \dfrac{\rho_t}{\alpha_t(x-1)^{1.7} + x}, & x > 1 \end{cases} \quad (3.5)$$

$$x = \frac{\varepsilon}{\varepsilon_t} \quad (3.6)$$

$$\rho_t = \frac{f_t}{E_c \varepsilon_t} \quad (3.7)$$

式中　d_t——混凝土单轴受拉损伤演化参数；

　　　a_t——混凝土单轴受拉应力-应变曲线下降段的参数值；

　　　f_t——混凝土单轴抗拉强度代表值，其值可根据实际结构分析分别取 f_t、f_{tk} 或 f_{tm}；

　　　ε_t——峰值拉应变。

以上参数取值可参考《混凝土结构设计规范》(GB 50010—2010)中附录 C.2。

2. 有限元模型的建立

采用非线性静力有限元方法建立 ITSOF 模型，对楼盖的受力特征进行参数化分析。图 3.21 为试验模型的三维有限元模型，参考试验模型柱脚的刚性约束，限制模型柱底 RP 节点三个方向的水平位移和转动位移。考虑到模型中钢网格由薄壁型钢构件组成，因此在 Abaqus 模型中采用壳单元（S4R）模拟型钢构件。为模拟表层叠合板与型钢上肋之间的组合作用，建立型钢和混凝土板之间的约束关系，采用三维实体单元（C3D8R）模拟混凝土叠合板，采用三维桁架单元（T3D2）模拟嵌入混凝土板的双层钢筋网。为便于计算和避免复杂的接触非线性问题，结构模型中忽略叠合板分层的几何特征，将叠合板简化为单层混凝土楼板。将上弦T型钢腹板嵌入凝土板内，T型钢上肋翼缘上表面与混凝土叠合板下表面采用法向硬接触和切向摩擦的接触设置，其中摩擦系数为0.3[68]。剪力键方钢管上部与混凝土板内切削形成槽体，接触面采用绑定约束［图3.21（c）］，以模拟剪力键顶部盖板与混凝土板的完全抗剪连接（试验模型剪力键顶部设有抗剪键）。

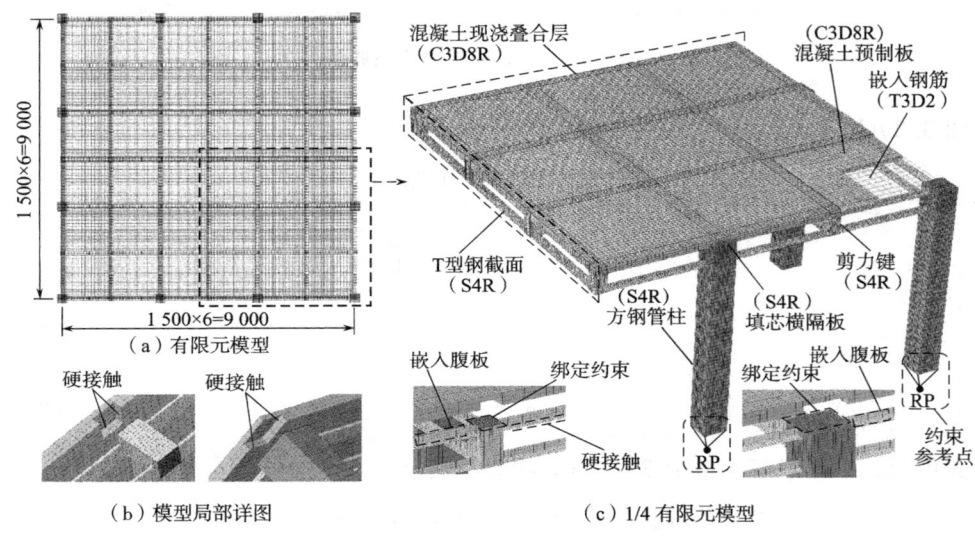

图 3.21 有限元模型的建立和网格划分

针对有限元模型相贯面有较多薄壁构件、规格尺寸多样的几何特征，采用多种不同的网格尺寸对有限元模型进行网格划分。在考虑计算精度和效率的条件下，上下肋T型钢均采用约20mm的网格尺寸，剪力键方钢管和周边方柱采用12.5mm和20mm两种尺寸的网格划分和建立壳单元。针对混凝土板，沿水平方向划分板网格，尺寸大小为50mm，厚度方向以腹板嵌入深度划分成27mm和36mm两种规格尺寸的网格。建立模型过程中通过设置几何模型中的节点数确定有限元模型细部的网格尺寸，再利用自由分割功能完成有限元模型的网格划分。

3. 有限元模型与试验结果对比分析

提取③轴和④轴板带空腹钢梁的跨中测点荷载-挠度曲线，与试验测得的结果的对比如图 3.22 所示。结果表明，试验模型和有限元模型（FEM）挠度发展趋势是一致的，吻合度较好，各级荷载作用下的挠度偏差在 5% 以内。当荷载超过 10.0kN/m^2 时，有限元模型挠度迅速增加，挠度曲线由斜向线性递增逐渐转变为沿水平方向发展，逐渐表现出明显的非线性特征。分析结果表明，试验模型的弹性承载力约为 10.0kN/m^2。对比分析可知，早期加载阶段试验模型位移变化与有限元分析结果重合度较高，线性特征明显；在加载后期阶段，试验模型的挠度实测值小于有限元分析的结果，但未出现明显下降，这表明试验模型在进入塑性阶段后仍保持了良好的稳定承载力和变形能力，尽管部分构件的角焊缝中存在初始缺陷。

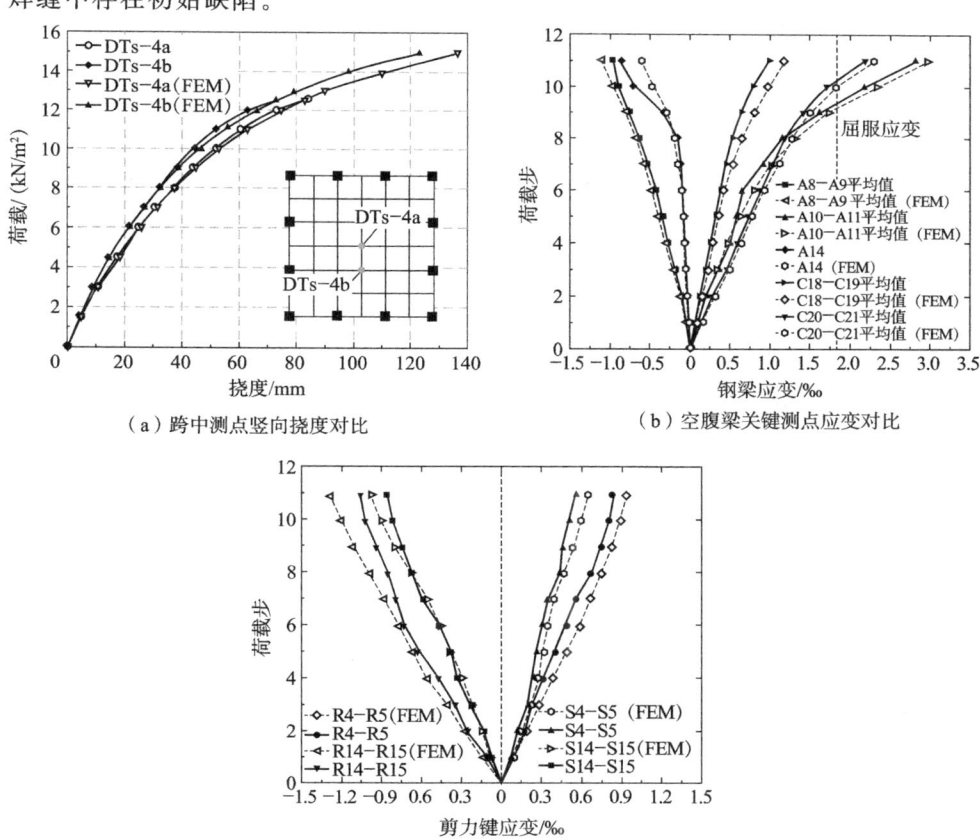

（a）跨中测点竖向挠度对比

（b）空腹梁关键测点应变对比

（c）剪力键关键测点的应变对比

图 3.22 有限元模型和试验结果的对比

关键测点的应变试验结果与有限元结果的对比如图 3.22(b,c)所示。在弹性阶段,临界测点的应变与预测结果吻合较好,应变偏差大部分控制在 10% 以内。但是在加载后期,一些实测点(A14,S14-S15 和 R4-R5)的应变曲线与有限元结果存在小范围偏差,由于角焊缝失效,部分测点内力发生重分布,影响了试验楼盖部分测点后期的结果。有限元分析结果与实测值相比较大,分析可知,这是由于有限元模型是在柱底建立约束参考点,与试验模型中采用螺栓约束存在约束差异。尽管如此,应变曲线对比结果表明,有限元方法准确地模拟了IT-SOF 楼板在竖向均布荷载作用下的受力情况,表明有限元方法可有效针对此种结构进行数值分析,具有较高的效率和精度。

3.4.2 有限元分析结果

1. 结构竖向位移

图 3.23 为有限元模型在均布荷载作用下的变形云图,分析可知,钢网格和表层混凝土叠合板变形协调一致,呈中心对称的碗状分布变形,装配式型钢-混凝土空腹组合楼盖的变形特征与板类似,以弯曲变形为主;组合楼盖最大竖向位移(挠度)出现在中心剪力键底部位置,在 12.5kN/m² 均布荷载作用下,结构最大位移约为 82.68mm。

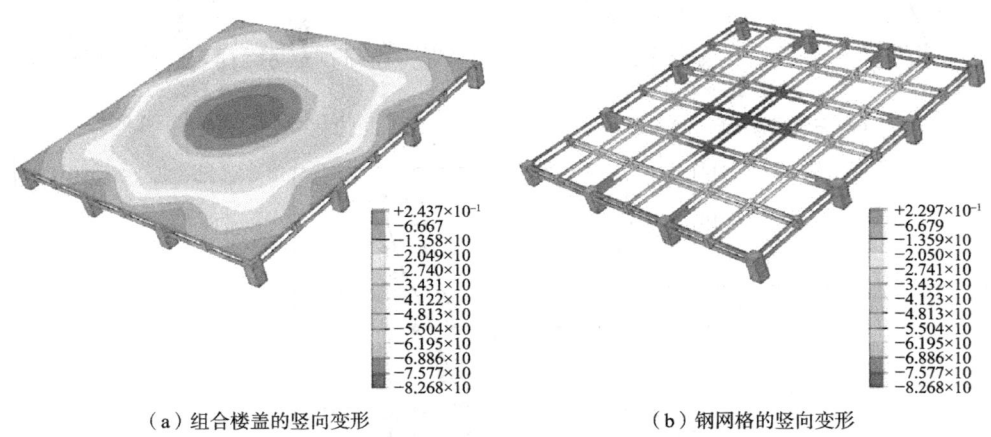

(a) 组合楼盖的竖向变形　　　　　(b) 钢网格的竖向变形

图 3.23　竖向挠度的有限元分析结果(12.5kN/m²)

2. 钢网格 Von Mises 应力

图 3.24 给出了钢网格在不同阶段荷载作用下 Von Mises 应力云图。从三个阶段的整体应力分布特征来看,柱上板带(③轴)空腹梁相比跨中板带(④轴)应力增长幅度明显,与试验模型中实测数据的发展趋势一致。其中负弯矩区应力集中区域主要分布在柱头及实腹到空腹的过渡段;正弯矩区应力集中区域主要分布在柱上板带跨中下肋。如图 3.24(c)所示,正交分布的柱上板带空腹梁在轴向拉力和局部弯矩的作用下,在交会节点处的剪力键外表面应力集中现象明显;在正弯矩区下肋,剪力键受到双向轴力的作用,底部横隔板受力明显,这与试验模型中钢构件撕裂和破坏的位置和特征相对应。柱上板带钢空腹梁在靠近支座和跨中下弦的单元应力趋近屈服强度,局部角点位置的应力甚至超过屈服强度。此时,钢空腹梁由弹塑性阶段进入塑性阶段,组合楼盖结构仍具备一定的承载力冗余。分析空腹梁上肋应力云图可知,在远离支座的跨中空腹梁上肋,应力分布的峰值与对应的下肋相比明显偏小,分析表明表层混凝土叠合板能有效降低上肋应力峰值,楼盖上肋与混凝土板的组合作用显著。

3. 混凝土板裂缝演化

图 3.25 为有限元模型在不同阶段荷载作用下上、下表面受拉裂缝分布图,其中图 3.25(a~c)所示为混凝土叠合板上表面在各阶段的裂缝分布。分析可知,裂缝开展区域主要集中在中柱及角柱周边的负弯矩区,沿柱头环绕分布;随着荷载增大,裂缝逐渐向跨中延伸和扩展,其分布特征与图 3.16 中试验模型的裂缝分布区域一致。分析可知,混凝土叠合板上表面的裂缝主要是在负弯矩区弯曲变形作用下受拉引起的。图 3.25(d~f)所示为有限元模型在各受力阶段混凝土板下表面(板底)裂缝的分布。分析可知,板底裂缝主要分布在跨中区域,在楼盖结构受弯状态下,混凝土板发生弯曲变形,随着荷载增加,在跨中区域变形不断扩大,并沿着柱上板带的水平方向扩展。而在试验模型中,跨中和支座附近底部预制板未观测到明显的裂缝开展,表明试验模型在荷载作用下具有较好的变形协调能力。楼盖卸荷后预制板底面未出现明显裂纹,这可能是因为卸荷后底板微裂纹闭合。

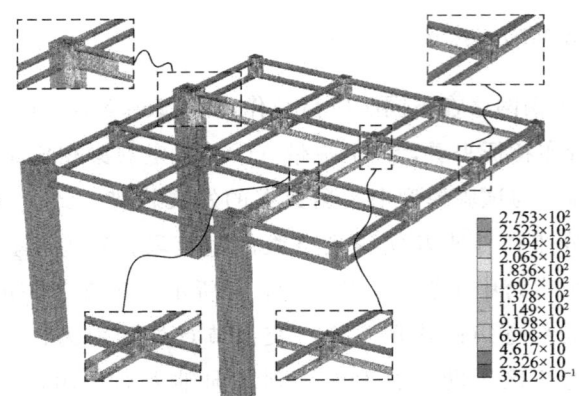

（a）1/4区域钢网格Von Mises应力分布(7.0 kN/m²)

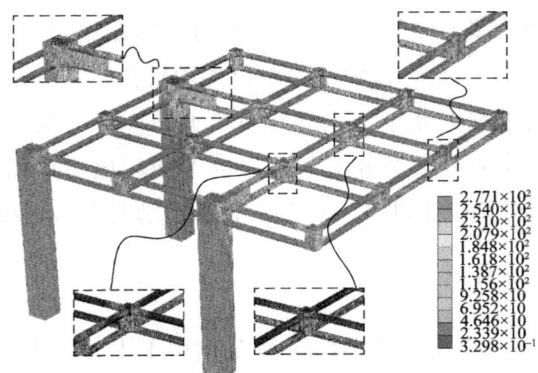

（b）1/4区域钢网格Von Mises应力分布(11.0 kN/m²)

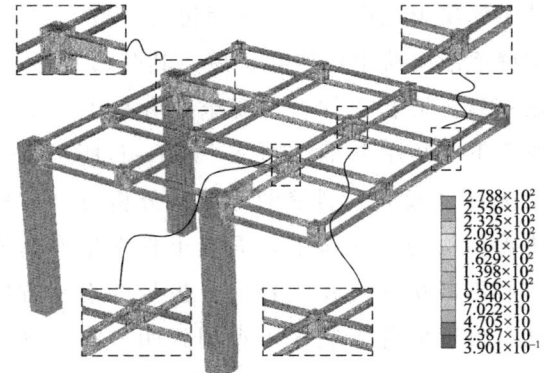

（c）1/4区域钢网格Von Mises应力分布(12.5kN/m²)

图 3.24　不同阶段荷载条件下有限元模型的应力分布

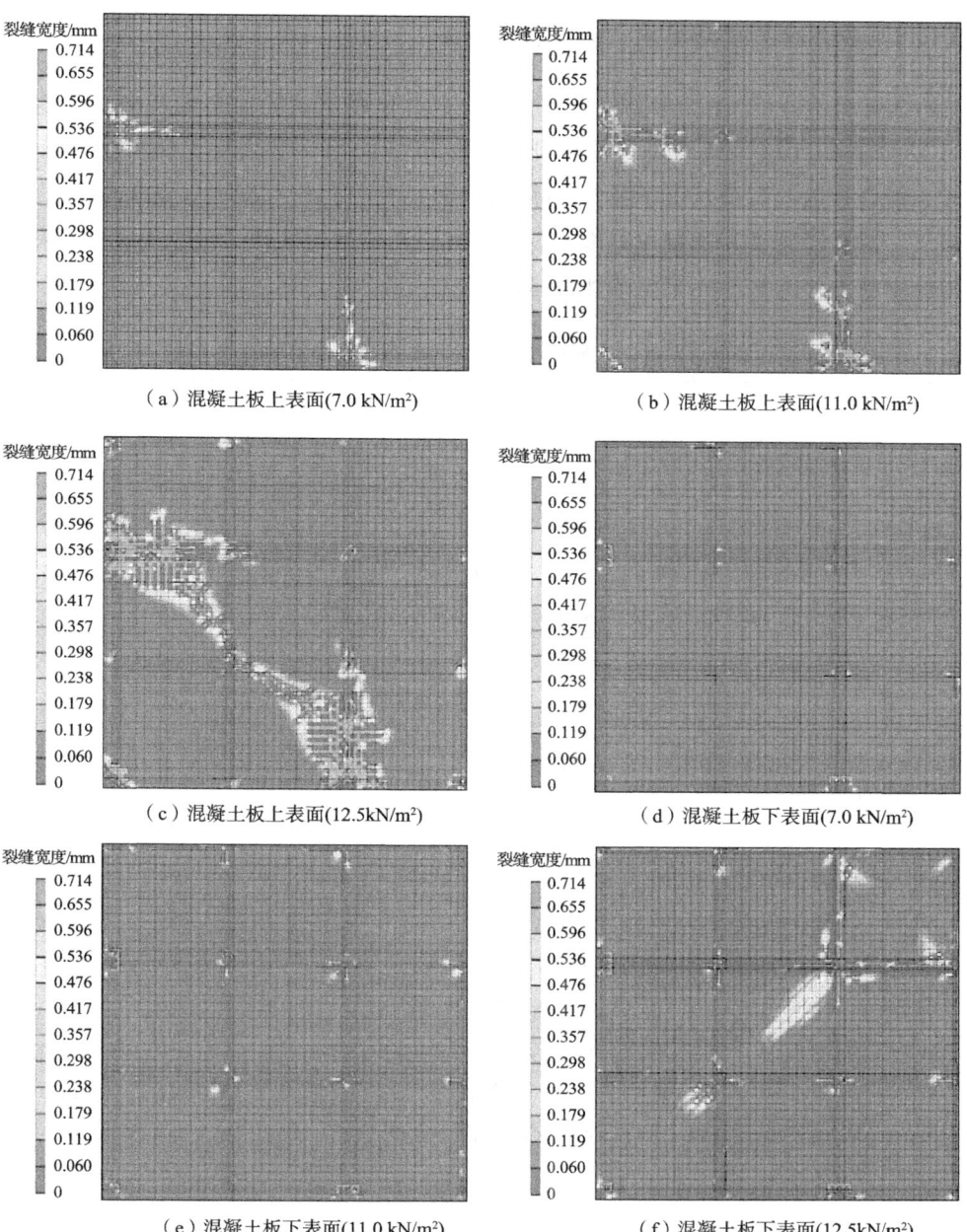

图 3.25 有限元模型中混凝土板的裂缝分布

3.4.3 组合楼盖结构关键因素参数化分析

为研究 ITSOF 的力学特性并优化截面尺寸,基于试验模型的几何尺寸建立了 18 个有限元楼盖模型进行参数化分析。以竖向构件剪力键方钢管的截面尺寸、组合楼盖的高度、上下弦 T 型钢的截面尺寸作为研究对象,研究构件的几何尺寸对楼盖刚度和承载力的影响。各个有限元模型的具体参数见表 3.3,采用弹性承载力作为有限元模型的评价指标。

表 3.3 有限元模型参数分析的具体尺寸和分析结果

模型	上肋 /(mm×mm×mm×mm)	下肋 /(mm×mm×mm×mm)	剪力键 /(mm×mm)	高度 /mm	P_0 /(kN/m²)
Model-1	T62.5×125×6.5×8.5	T62.5×125×6.5×8.5	□150×5.6	330	10.0
SP1-1	T62.5×125×6.5×8.5	T62.5×125×6.5×8.5	□150×8	330	12.0
SP1-2	T62.5×125×6.5×8.5	T62.5×125×6.5×8.5	□150×10	330	13.5
SP1-3	T62.5×125×6.5×8.5	T62.5×125×6.5×8.5	□150×12	330	15.0
SP2-1	T62.5×125×6.5×8.5	T62.5×125×6.5×8.5	□150×12	380	12.5
SP2-2	T62.5×125×6.5×8.5	T62.5×125×6.5×8.5	□150×12	430	17.5
SP2-3	T62.5×125×6.5×8.5	T62.5×125×6.5×8.5	□150×12	480	20.0
SP3-1	T62.5×125×7×10	T62.5×125×7×10	□150×12	330	17.0
SP3-2	T62.5×125×8×12	T62.5×125×8×12	□150×12	330	20.0
SP3-3	T62.5×125×8×15	T62.5×125×8×15	□150×12	330	22.0
SP3-4	T62.5×125×6.5×8.5	T62.5×125×7×10	□150×12	330	16.0
SP3-5	T62.5×125×6.5×8.5	T62.5×125×8×12	□150×12	330	18.0
SP3-6	T62.5×125×6.5×8.5	T62.5×125×8×15	□150×12	330	20.0
SP3-7	T62.5×125×7×10	T62.5×125×6.5×8.5	□150×12	330	13.0
SP3-8	T62.5×125×8×12	T62.5×125×6.5×8.5	□150×12	330	16.0
SP3-9	T62.5×125×8×15	T62.5×125×6.5×8.5	□150×12	330	17.0
SP4-1	T62.5×125×6.5×8.5 (T62.5×125×7×10)	T62.5×125×7×10	□150×12	330	16.5
SP4-2	T62.5×125×6.5×8.5 (T62.5×125×8×12)	T62.5×125×8×12	□150×12	330	19.0

续表

模型	上肋 /(mm×mm×mm×mm)	下肋 /(mm×mm×mm×mm)	剪力键 /(mm×mm)	高度 /mm	P_0 /(kN/m²)
SP4-3	T62.5×125×6.5×8.5 (T62.5×125×8×15)	T62.5×125×8×15	□150×12	330	21.0

注：表中有限元模型未罗列的几何参数均与试验模型几何参数一致。括号内的几何参数表示在钢柱周边的上肋的尺寸与楼盖下肋的截面尺寸是一致的。除此之外，弹性承载力（P_0）为结构模型由弹性工作阶段过渡到弹塑性工作阶段的临界值，通过荷载-位移曲线的拐点获得。本书中采用该值评估楼盖在弹性工作范围内的承载力大小。

1. 剪力键厚度的影响

在试验模型的基础上，以剪力键的截面厚度作为研究参数，建立包含三个不同尺寸剪力键（SP1-1，□150×8；SP1-2，□150×10；SP1-3，□150×12）的有限元模型，研究其对楼盖刚度的贡献。其不同等级荷载作用下的荷载-挠度曲线如图 3.26 所示。分析可知，在相同荷载等级条件下，厚度较大的剪力键模型楼盖具有较小的挠度。在相同荷载等级条件下，原始模型（Model-1）

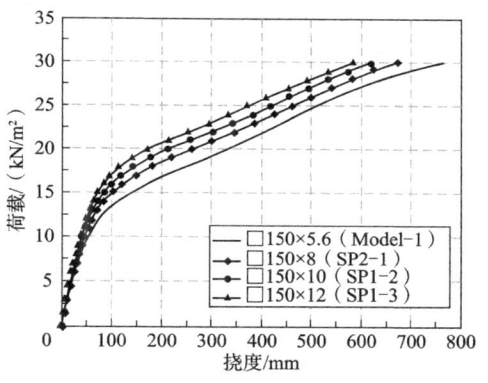

图 3.26 剪力键厚度对楼盖刚度的影响

的挠度增长幅度比 SP1-1、SP1-2 和 SP1-3 截面下的模型明显。研究表明，增加剪力键截面厚度可显著提高组合楼盖的抗剪刚度，减小组合楼盖的剪切变形，进而减小楼盖的竖向变形。从表 3.4 中可以看出，SP1-1、SP1-2、SP1-3 模型的弹性承载力与试验模型 Model-1 相比分别提高了 20.00%、35.00% 和 50.00%。SP1-2 和 SP1-3 的承载力比 SP1-1 分别提高了 11.25% 和 25.00%。剪力键截面厚度作为影响结构刚度的显著因素作用明显，采用适当的腹板构件壁厚可以显著提高组合楼盖正常使用极限状态下的承载力和竖向刚度。

2. 结构高度的影响

在试验模型结构基础上，排除剪力键厚度的影响（剪力键采用□150×12），分别采用 h_1=330mm（SP1-3），h_2=380mm（SP2-1），h_3=430mm（SP2-2）和

表 3.4 弹性承载力增长比例

模型	$P_0/(kN/m^2)$	弹性承载力 P_0 增长比例/%	
		与 Model-1 相比	与 SP1-1 相比
Model-1	10.0	—	—
SP1-1	12.0	20.00	—
SP1-2	13.5	35.00	11.25
SP1-3	15.0	50.00	25.00

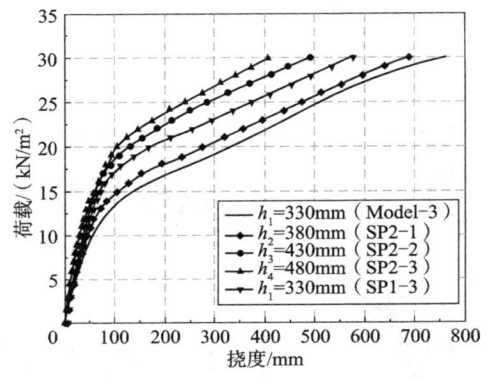

图 3.27 组合楼盖厚度对楼盖刚度的影响

$h_4=480mm$（SP2-3）四种不同厚度的楼盖，研究不同组合楼盖厚度对组合楼盖结构刚度的影响。图 3.27 所示为不同厚度的楼盖荷载-挠度曲线。分析表明：在上下弦截面不变的情况下，在一定范围内增加空腹梁截面的高度可以提高组合梁截面惯性矩，进一步提高楼盖抗弯刚度和承载力。然而由表 3.5 可知，尽管 SP2-1 相比 SP1-3 楼盖厚度增大，但是其弹性承载力下降了 16.67%。这表明，当楼盖超过一定厚度后，虽然楼盖的抗弯刚度提高了，但此时空腹高度也在加大，在剪力键截面没有调整的情况下，结构剪切变形增大明显，逐渐成为影响组合楼盖挠度增长的重要因素。因此，其稳定承载力增长幅度减小，甚至出现承载力降低的现象。分析可知，在此种新型楼盖设计过程中，在通过增加楼盖厚度提高抗弯刚度的同时，需重点考虑剪力键抗剪刚度的变化对楼盖承载力的影响。

表 3.5 弹性承载力增长比例

模型	$P_0/(kN/m^2)$	弹性承载力 P_0 增长比例/%	
		与 Model-1 相比	与 SP1-3 相比
Model-1	10.0	—	—
SP1-3	15.0	50.00	—
SP2-1	12.5	25.00	−16.67
SP2-2	17.5	75.00	16.67
SP2-3	20.0	100.00	33.33

3. 上下肋尺寸的影响

在试验模型的基础上,排除剪力键截面的影响(剪力键采用较大截面尺寸的□150×12),分别采用不同截面尺寸的上、下肋建立4个有限元模型(SP1-3、SP3-1、SP3-2、SP3-3),获得其荷载-挠度曲线,如图3.28所示。分析可知,在同一楼盖厚度下,采用更大上下肋截面尺寸的组合楼盖SP3-3的挠度最小,此时楼盖具有更大的抗弯刚度。由表3.6可知,从SP3-1到SP3-3,相比试验模型,其弹性极限承载力分别提高了50%、70%、100%、120%,从SP3-1到SP3-3,相比SP1-3,其极限承载力分别提高了13.33%、33.33%、46.67%。当楼盖进入屈服阶段后,各种截面下的楼盖仍具有较好的变形能力和较高的承载力冗余。结果表明,增大上、下肋翼缘和腹板的厚度可以显著提高楼盖的抗弯刚度,减小楼盖挠度,显著提高楼盖的稳定承载力。

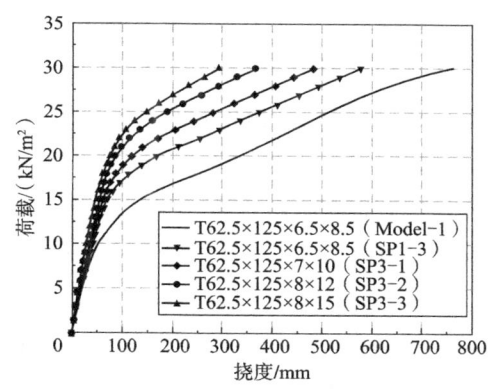

图3.28 下肋截面尺寸对楼盖刚度的影响

表3.6 弹性承载力增长比例

模型	P_0/(kN/m^2)	弹性承载力 P_0 增长比例/%	
		与Model-1相比	与SP1-3相比
Model-1	10.0	—	—
SP1-3	15.0	50.00	—
SP3-1	17.0	70.00	13.33
SP3-2	20.0	100.00	33.33
SP3-3	22.0	120.00	46.67

3.4.4 钢网格部分参数优化设计

上、下肋作为组合楼盖的主要受力构件,使用量较大,而且上、下肋是由方钢管剪力键连接起来的离散构件,其位置不同,内力不同,因此有必要对上、下肋截面进行优化,充分利用材料的强度,达到节省材料的目的。分别建立只改变下肋截面（SP3-4、SP3-5 和 SP3-6）和上肋截面（SP3-7、SP3-8 和 SP3-9）的六组有限元模型，其跨中测点的荷载-挠度曲线与同时改变上、下肋截面的有限元模型对照组（SP3-1、SP3-2 和 SP3-3）的分析结果如图 3.29 所示。由图 3.29(a,b)可知，相比同时增大上下肋截面面积，单独改变上、下肋截面面积时楼盖的刚度提升幅度较小，其弹性承载力出现下降。由表 3.7 可知，与同时增大上、下肋截面尺寸的 SP3-1、SP3-2 和 SP3-3 对照组模型相比，只增大下肋截面面积的模型（SP3-4、SP3-5 和 SP3-6）的楼盖承载力略有下降，其下降幅度在 10% 以内，相比对照组，其各自的刚度下降不明显。将增大上肋截面尺寸的模型（SP3-7、SP3-8 和 SP3-9）与对照组对比可知，其刚度较对照组显著下降，大部分承载力下降 20% 以上。分析可知，在楼盖厚度和剪力键尺寸一定的条件下，增大下肋截面尺寸相比增大上肋截面尺寸对于提高楼盖刚度更为有效，能显著提高其稳定承载力，显著降低楼盖的用钢量。

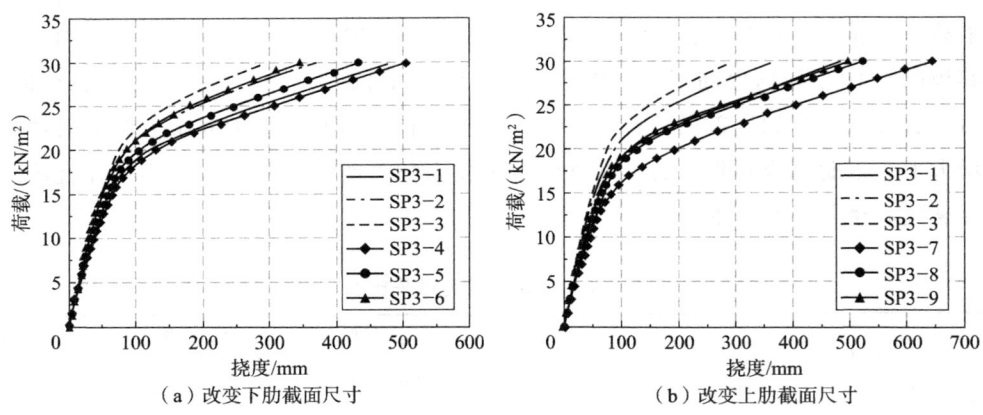

（a）改变下肋截面尺寸　　　　（b）改变上肋截面尺寸

图 3.29　有限元模型优化设计分析

表 3.7　弹性承载力比例分析

模型	弹性承载力 P_0 /(kN/m^2)	模型	弹性承载力 P_1 /(kN/m^2)	模型	弹性承载力 P_2 /(kN/m^2)	弹性承载力比例/%	
						P_1/P_0	P_2/P_0
SP3-1	17.0	SP3-4	16.0	SP3-7	13.0	94.12	76.47
SP3-2	20.0	SP3-5	18.0	SP3-8	16.0	90.00	80.00
SP3-3	22.0	SP3-6	20.0	SP3-9	17.0	90.91	77.27

为进一步降低楼盖的用钢量，同时提高组合楼盖的承载力，需优化钢网格结构中部分构件的截面尺寸。根据组合楼盖受力特征，在同时改变上下肋截面

有限元模型的基础上（SP3-1～SP3-3），通过优化跨中上肋截面，保持柱头周边网格上肋的截面不变（图3.30），建立三组有限元模型（SP4-1～SP4-3），进行计算分析。

SP4和SP3组模型的跨中测点荷载-挠度曲线如图3.30所示。分析可知，SP4组曲线与SP3组曲线吻合度较好，优化跨中正弯矩区结构上肋截面的模型，与同时改变上、下肋截面的模型相比，挠度曲线较为接近，相同等级荷载条件下挠度幅度差较小。由表3.8可知，从SP4-1到SP4-3，优化后的模型承载力在5%范围内略有下降。分析表明，正弯矩区上肋与混凝土楼板的组合作用明显，可通过减

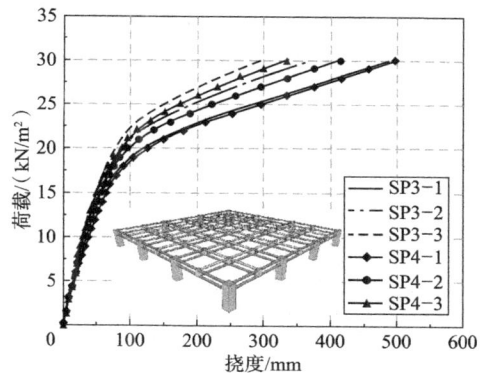

图3.30　有限元模型优化部分弦杆设计的分析

小跨中上肋截面尺寸达到节省用钢量的效果；在负弯矩区增大上下肋的尺寸同样有助于提高楼板的承载力，降低用钢量。

表3.8　优化模型和对照组模型弹性承载力比例分析

模型	P_0/(kN/m²)	模型	弹性承载力 P_3 /(kN/m²)	弹性承载力比例 (P_3/P_0)/%
SP3-1	18.0	SP4-1	17.5	97.22
SP3-2	21.0	SP4-2	20.0	95.24
SP3-3	23.0	SP4-3	22.0	95.65

3.5　组合空腹楼盖的设计原理和方法

为了更好地促进ITSOF结构在工程实际中的应用，需考虑以一种简单实用的设计方法计算组合楼盖的刚度。针对评估组合梁的抗弯承载力的问题，早在20世纪60年代就有基于钢梁未屈服的弹性设计方法，这种方法能够准确计算出弹性阶段组合梁的刚度和挠度。然而，组合梁屈服后的弯矩要远远大于屈服前的弯矩，当动力荷载不直接作用于组合开腹板梁时，实际上可采用塑性设计方法对

组合空腹梁的塑性弯矩进行评估。《钢结构设计标准》（GB 50017—2017）给出的组合梁抗弯承载力计算公式是基于梁在弹性阶段的受力性能建立起来的，低估了极限状态下的承载力，翼缘有效宽度也小于塑性阶段的有效宽度，计算结果偏于安全。陈士明等[69,70]按照欧洲组合结构设计4号规范［EC4（2004）］的方法[71]，采用塑性设计方法提出了浅孔单元梁的设计方法，计算结果与试验结果较为接近。有学者以截面的塑性抗弯承载力评估复合薄梁的受弯性能，计算结果与试验结果吻合较好[72,73]。因此，有必要对新型组合空腹楼盖采用塑性设计方法获得其塑性承载力，验证该种新结构的安全性。

本节采用塑性设计方法，推导出相对精确的组合空腹梁的抗弯和抗剪承载力计算公式。设计模型基于以下假定：

1）在负弯矩区不考虑混凝土抗拉作用，需考虑表层负筋的作用。

2）在正弯矩区考虑混凝土叠合板受压翼缘宽度作用范围，忽略受压区内沿上肋走向的纵筋和受压区型钢腹板作用。

3）拉、压荷载作用下，上、下肋沿截面高度的应力均匀分布，忽略局部弯矩的作用。

4）压应力沿截面高度范围和构件长度均匀分布在混凝土板上，钢与混凝土通过抗剪键完全抗剪连接，不存在水平滑移，无纵向剪切破坏或栓钉脱离混凝土板的情况发生，充分利用材料各自的受拉和受压性能。

5）楼盖沿短跨度方向的钢网格数量不小于5个，楼盖的厚度为跨度的1/30~1/20，以保证楼盖结构呈现板的受力特征，以弯曲变形为主，忽略剪切变形的影响。

基于上述假设，开发的ITSOF的设计流程如图3.31(a)所示，其等效截面内力计算如图3.31(b)所示。

通过大量工程实践，根据楼盖的跨度及设计用途可大致预估楼盖截面厚度。实践表明，通常楼盖厚度采用跨度的1/30~1/20，钢网格的尺寸控制在1.5~2.5m，具有良好的承载性能和经济效益。在初步确定楼盖的空腹组合截面后，可通过等刚度代换折算的方法，将空腹组合截面转换成H型钢截面。该过程须遵循截面惯性矩和截面高度相同的原则［图3.31(b)][74]。采用通用商业设计软件建立框架结构模型进行设计验算，获取该种结构关键位置的弯矩（M_0）和剪力包络值（V_0）。以正、负弯矩区的最不利截面为控制对象，通过塑性截面分析方法对空腹组合截面进行分析，获得截面的抗弯承载力和抗剪承载力设计值（M_u、V_u）。将截面承载力设计值与实腹梁模型的计算包络值进行对比，确认截面参数的合理性。通过反复调整空腹梁截面尺寸和楼盖厚度达到优化设计的最终目标,完成整个楼盖的承载力设计。

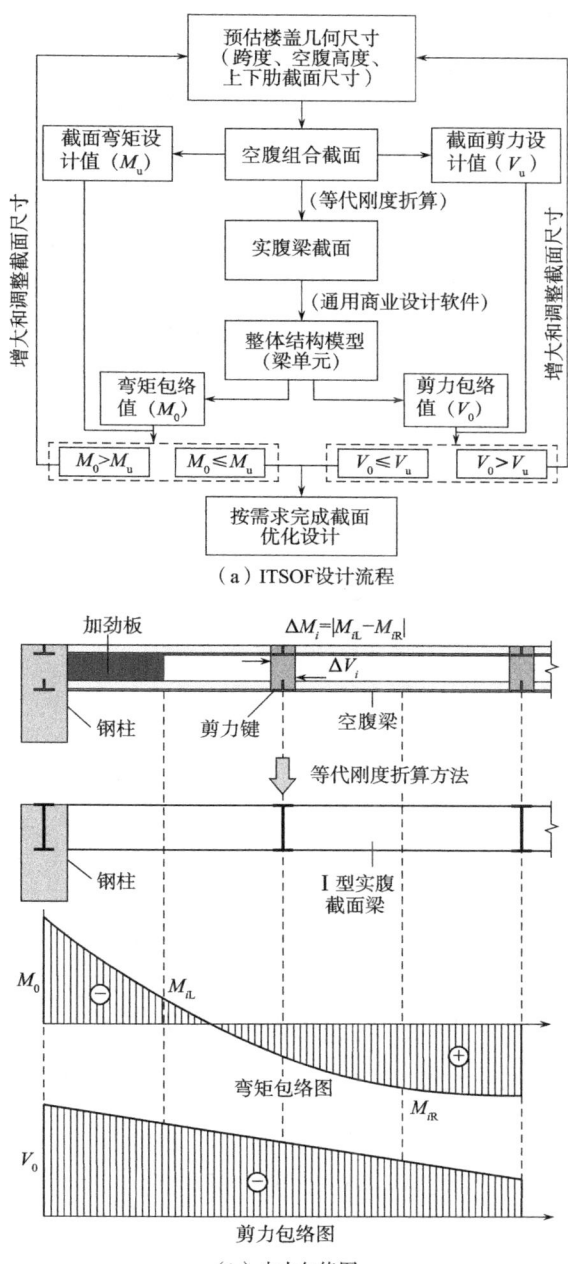

图 3.31 改进型空腹夹层板楼盖设计流程和内力计算

3.5.1 正弯矩区极限承载力

T 型钢组合空腹楼盖整体受弯达到承载能力极限状态的截面弯矩可以按照以下几种情况分别计算,此时跨中可不考虑剪力和局部弯矩的作用。为了便于公式推导,记 A_1 为下肋截面面积,A_2 为上肋截面面积,A_c 为上肋型钢受压区面积,A_{c1} 为负弯矩区上肋受拉区的面积,A_s 为混凝土翼缘叠合层中沿肋走向的分布钢筋面积,f_y 为钢梁型材的屈服强度,f_c 为混凝土的抗压强度设计值。t_1、t_2 为下肋 T 型钢和上肋 T 型钢的腹板厚度,τ_{f1}、τ_{f2} 为下肋和上肋翼缘厚度,h_0 为空腹楼盖结构空腹的高度,h_1、h_2 为下肋和上肋 T 型钢的截面高度,h_3 为上肋钢空腹梁上表面与混凝土楼板上表面的距离,b_{f1} 和 b_{f2} 为下肋和上肋 T 型钢翼缘的宽度,A_{w2} 为上肋腹板面积,A_{f2} 为上肋翼缘面积。

（1）当塑性中和轴（PNA）位于混凝土板内部（图 3.32）

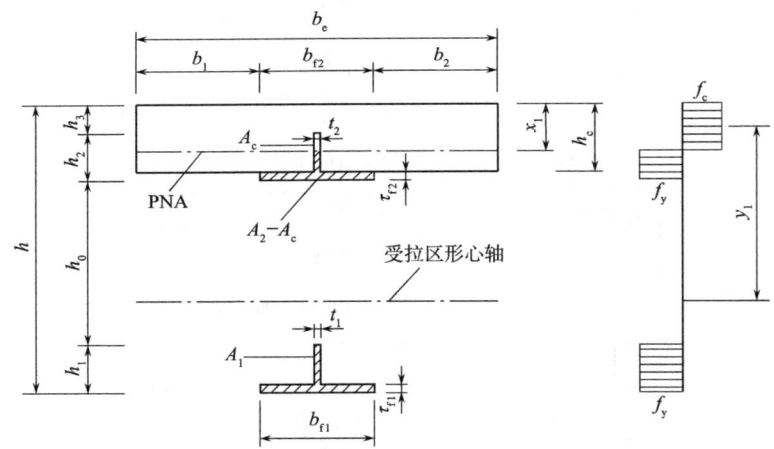

图 3.32 塑性中和轴位于混凝土板内部

令混凝土受压区高度为 x_1,受力模型中不考虑受压区混凝土内部钢筋和部分受压上肋腹板的作用,此时 $0 < x_1 \leqslant h_c$,由极限平衡条件 $\sum F_x = 0$ 得

$$A_1 f_y + (A_2 - A_c) f_y = x_1 b_e f_c \tag{3.8}$$

$$x_1 = \frac{(A_1 + A_2 - A_s) f_y}{b_e f_c} \tag{3.9}$$

则截面的塑性弯矩区承载力可表示为

$$M_u = x_1 b_e f_c y_1 \tag{3.10}$$

式中 y_1——受拉区形心到受压区混凝土形心的距离。

(2) 当塑性中和轴位于上肋 T 型钢翼缘内部（图 3.33）

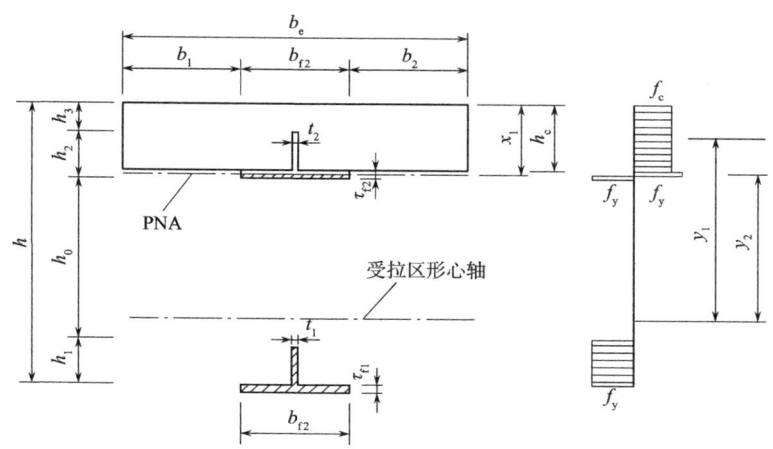

图 3.33 塑性中和轴位于上肋 T 型钢翼缘内部

令混凝土受压区高度为 x_1，满足 $h_c < x_1 < h_c + \tau_{f2}$，由极限平衡条件 $\sum F_x = 0$ 得

$$h_c b_e f_c + (x - h_c) b_{f2} f_y = A_1 f_y + (A_2 - A_c) f_y \tag{3.11}$$

由极限平衡条件 $\sum M = 0$ 得

$$M_u = b_e h_c f_c y_1 + (x - h_c) b_{f2} f_y y_2 \tag{3.12}$$

式中 y_1——受拉区形心到受压区混凝土形心的距离；

y_2——受拉区形心到上弦翼缘受压区形心的距离。

(3) 当塑性中和轴位于空腹内部（图 3.34）

令混凝土受压区高度为 x_1，此时 $h_c + \tau_{f2} \leq x_1 \leq h - h_1$。当塑形中和轴在空腹内部时需满足以下两个条件：

1) 满足极限平衡条件 $\sum F_x = 0$，即

$$A_s f_s + A_2 f_y + b_e h_c f_c = A_1 f_y \tag{3.13}$$

2) 满足极限平衡条件 $\sum M = 0$，即

$$A_s f_s (x - c) + A_2 f_y [x - (h_c - \tau_{f2} - y_b)] + b_e h_c f_c \left(x - \frac{h_c}{2}\right)$$
$$= A_1 f_y (h - x - y_a) \tag{3.14}$$

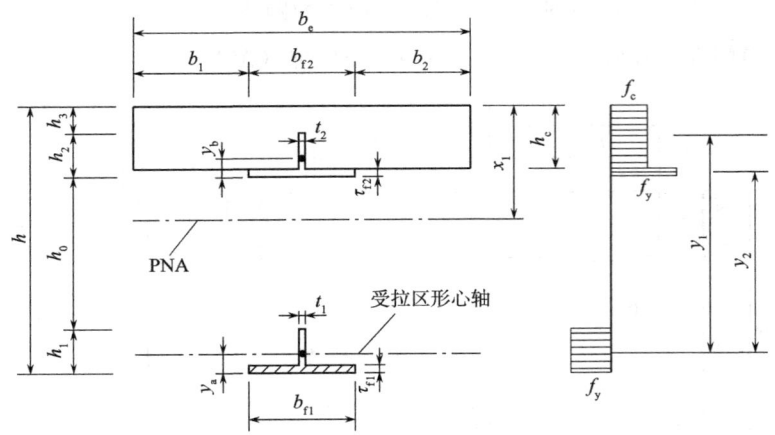

图 3.34 正弯矩区塑性中和轴位于空腹内部

此时可得组合梁的塑性弯矩为

$$M_u = A_1 f_y (h - x - y_a) \tag{3.15}$$

式中 y_a——受拉区形心到下肋下表面的距离。

3.5.2 负弯矩区极限承载力

当空腹楼盖位于支座处负弯矩区时,组合梁在承载能力极限状态下,负弯矩区混凝土叠合板的上表面先屈服和开裂,然后退出工作。内嵌表层叠合板在抗剪键和上弦 T 型钢的约束作用下忽略滑移和分离的效应,因此,组合空腹梁抗弯承载能力极限状态的一般特征是:支座的负弯矩区混凝土叠合翼缘板上表面受拉开裂并退出工作,同时混凝土叠合板的叠合层中的负筋受拉力作用达到屈服强度,钢空腹梁的受拉区和受压区的应力分别达到材料的屈服强度。此时采用简化的塑性理论,将空腹梁中型钢及受压区混凝土的应力图简化为等效的矩形应力图;在正弯矩区考虑受压高度范围内的受拉型钢、受压混凝土和表层分布筋的作用;而在负弯矩区,组合空腹梁竖向范围内,忽略混凝土抗拉对刚度的贡献,只考虑表层叠合层内的负筋受拉对刚度的贡献。

以下分几种情况讨论负弯矩作用下组合梁的抗弯承载力。

(1) 完全抗剪连接条件下,塑性中和轴在上肋 T 型钢内部(图 3.35)

令 x_2 为组合截面上表面到组合梁中性轴的距离,有 $h_3 < x_2 < h_2 + h_3$。

由极限平衡条件 $\sum F_x = 0$ 得

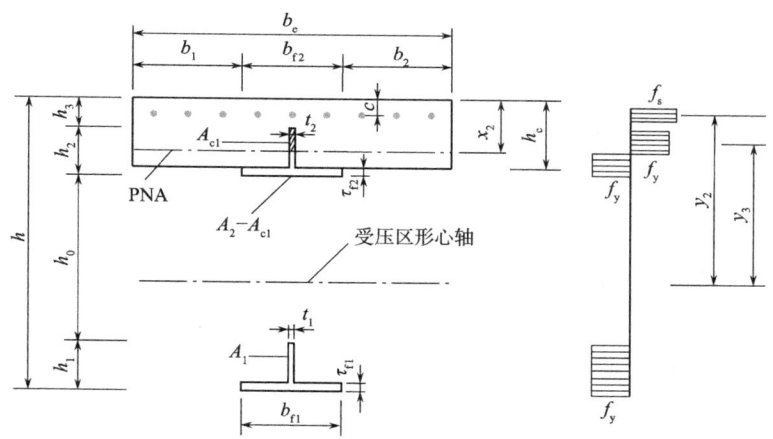

图 3.35 负弯矩区塑性中和轴位于上肋内部

$$A_c f_y + A_s f_s = (A_1 + A_2 - A_{c1}) f_y \tag{3.16}$$

由极限平衡条件 $\sum M_x = 0$ 得组合梁的塑性弯矩为

$$M_u = A_{c1} f_y y_2 + A_s f_s y_3 \tag{3.17}$$

式中 y_2——受压区形心到表层受拉钢筋合力点的距离；

y_3——受压区形心到上肋受拉区域腹板形心的距离。

（2）完全抗剪连接条件下，塑性中和轴位于空腹内部（图 3.36）

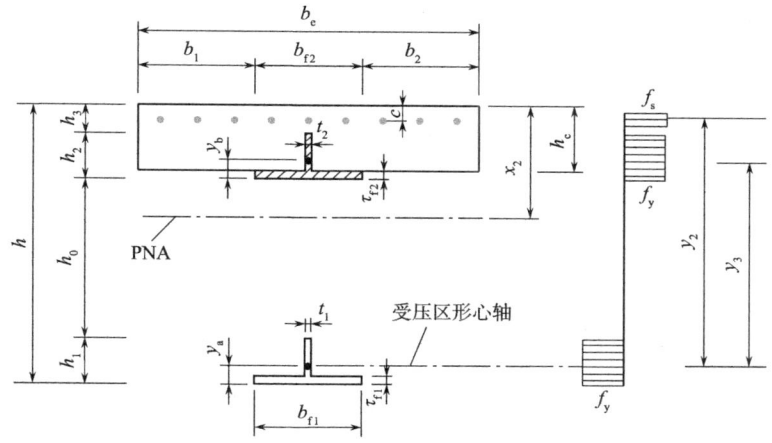

图 3.36 负弯矩区塑性中和轴位于空腹内部

此时 $A_2 < A_1$。令 x_2 为组合截面上表面到组合梁中性轴的距离，满足 $h_c + \tau_{f2} < x_2 < h - h_1$。

由极限平衡条件 $\sum F_x = 0$ 得

$$A_s f_s + A_2 f_y = A_1 f_y \tag{3.18}$$

由极限平衡条件 $\sum M_x = 0$ 得

$$A_s f_s (x_2 - c) + A_2 f_y [x_2 - (h_c + \tau_{f2} - y_b)] = A_1 f_y (h - x_2 - y_a) \tag{3.19}$$

此时可得组合梁的塑性弯矩为

$$M_u = A_2 f_y y_3 + A_s f_y y_2 \tag{3.20}$$

式中 y_2——受压区形心到钢筋受拉合力点的距离，$y_2 = h - c - y_a$；

y_3——受压区形心到型钢形心的距离，$y_3 = h - y_a - (h_c + \tau_{f2} - y_b)$。

(3) 实腹组合梁，塑性中和轴位于实腹梁内部（图 3.37）

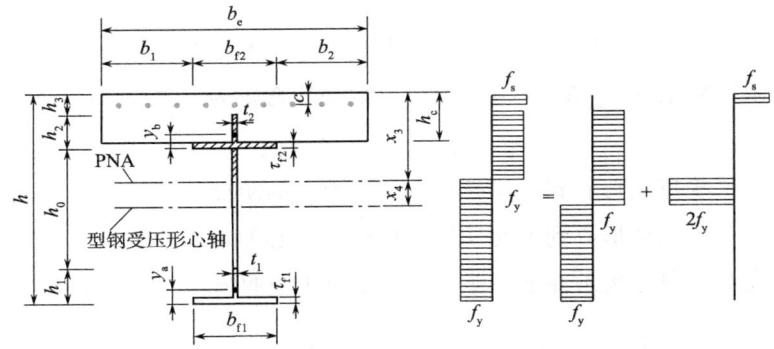

图 3.37 负弯矩区实腹梁截面

令 x_3 为组合截面上表面到组合梁中性轴的距离，即满足 $h_2 + h_3 < x_3 < h - h_1$。

由极限平衡条件 $\sum F_x = 0$ 得

$$A_2 f_y + A_s f_s + (x_3 - h_2 - h_3) t_1 f_y = A_1 f_y + (h - x_3 - h_1) t_1 f_y \tag{3.21}$$

由极限平衡条件 $\sum M = 0$ 可得组合梁的塑性弯矩为

$$M_u = M_s + A_s f_s \left(x_3 + \frac{x_4}{2} \right) \tag{3.22}$$

$$M_s = (S_1 + S_2) f_y \tag{3.23}$$

式中 S_1, S_2——钢梁塑性中和轴以上和以下截面对该轴的面积矩。

3.5.3 抗剪承载力设计方法

通过试验可知表层叠合板通过抗剪键与空腹梁组合后,其抗弯承载力和刚度显著提高。由于在跨中正弯矩区组合竖向剪力较小,弯矩和下弦杆的轴向拉力对结构承载力起控制作用,在靠近支座位置的负弯矩区,竖向剪力和负弯矩起控制作用,空腹在一定程度上削弱了组合空腹梁的竖向承载力,因此可能会出现腹板抗剪强度不满足的情况。目前世界各国有关规范(如 EC4)的常规做法是:按塑性设计理论设计,计算组合空腹截面的竖向抗剪承载力时,不计入表层混凝土翼缘板对组合空腹截面的抗剪刚度贡献,只考虑空腹梁腹板的抗剪作用。有学者研究表明,组合梁负弯矩区的混凝土翼缘板可提供 20% 左右的抗剪强度。部分试验显示钢-混凝土组合梁的抗剪承载能力超过钢梁腹板抗剪承载力 V_{us} 的 20%。但表层混凝土板抗剪贡献受型钢截面类型、负弯矩区混凝土开裂、抗剪键分布情况及相邻跨网格尺寸等因素的影响,尚没有形成有效的计算方法。因此,在满足经济性和安全的条件下,特提出一种简单、保守但是相对实用的计算方法,即不考虑表层叠合板对空腹梁抗剪承载力的贡献,复核截面的抗剪承载力。

采用等效抗弯刚度法将空腹梁组合截面转化为相同高度的 H 型钢截面,建立常规的井字楼盖计算模型。楼板结构剪力和弯矩包络图可采用 SAP2000、ETABS 等结构设计软件计算获得 [图 3.31(b)]。从结构的受力特征可知,最大竖向剪力位于柱附近。当楼盖采用等刚度折算方法建立框架结构模型后,组合梁由空腹截面变成实腹截面,存在将组合截面抗剪刚度放大的现象。因此,实际验算过程中,需要保守地假设钢空腹梁的腹板抵抗竖向剪力,不考虑表层混凝土叠合板的抗剪承载力贡献。组合梁截面的竖向抗剪承载力可表示为

$$\tau = \frac{V_1}{A_w} = \frac{V}{2A_w} \leqslant f_v \tag{3.24}$$

式中 V——实腹梁模型计算获得的剪力包络值;

V_1——实腹梁模型中上、下肋的剪力包络值;

A_w——T 型钢腹板截面面积;

f_v——T 型钢腹板抗剪强度设计值。

通过等效实心腹板梁模型可获得钢网格节间弯矩包络值,剪力键截面(竖向空心方钢管截面)受到的水平剪力 ΔV_i 可表示为

$$\Delta V_i = \frac{|M_{iL} - M_{iR}|}{h_i} \tag{3.25}$$

$$\tau_i = \frac{\Delta V_i S_i}{t_i I_i} \leqslant f_{vi} \tag{3.26}$$

以上式中 M_{iL}——钢网格左侧节间弯矩包络值；

    M_{iR}——钢网格右侧节间弯矩包络值；

    f_{vi}——剪力键截面的抗剪强度设计值；

    ΔV_i——剪力键受到的水平剪力；

    S_i——剪力键方钢管横截面的静矩；

    I_i——剪力键截面惯性矩；

    t_i——剪力键的壁厚。

3.5.4 内力验证

b_e 为组合截面的翼缘板有效宽度，根据《钢结构设计标准》(GB 50017—2017) 中规定的规格尺寸，按 $b_e = b_1 + b_{f2} + b_2$ 计算获得正、负弯矩区翼缘参与组合作用的宽度分别为 $b_{f1} = 425\text{mm}$，$b_{f2} = 300\text{mm}$。复合材料截面正、负弯曲区塑性承载力计算结果及试验和模拟结果见表 3.9。在正弯矩作用下，组合截面有限元和试验结果与理论计算结果的偏差为 4.3% 和 7.7%。考虑试验中梁柱节点处未出现负弯矩作用下的全断面塑性破坏，仅将有限元计算结果与理论计算结果进行比较，误差为 7.2%。对比结果表明，ITSOF 理论值具有较高的计算精度，满足极限抗弯承载力的计算精度要求，可用于实际工程中。

表 3.9 截面塑性弯矩设计值与有限元及试验结果对比

位置	$M_u/(\text{kN} \cdot \text{m})$	$M_t/(\text{kN} \cdot \text{m})$	$M_s/(\text{kN} \cdot \text{m})$	M_t/M_u	M_s/M_u
正弯矩区	103.376	107.832	111.350	1.043	1.077
负弯矩区	89.965	/	96.457	/	1.072

注：M_u 为截面塑性弯矩承载力设计值；M_t 为试验测试弯矩值；M_s 为有限元模拟弯矩值。

3.6 小　　结

本章通过足尺试验模型对装配式倒置 T 型钢-混凝土组合空腹楼盖结构进行了静力加载试验研究，得到了结构的荷载-挠度曲线、典型破坏模式，并基于精细化有限元模型对结构进行了分析,得到了结构受力规律和破坏特征,与试验结果共同验证结构的可靠性。采用有限元方法对钢网格主要构件进行了参数化设计,揭示其对楼盖刚度的影响;对上下肋进行优化分析,给出了优化设计方法和建议。采用截面分析方法提出了该种新结构的抗弯承载力设计理论;提出了该种结构的设计流程和简化设计方法,并采用试验和有限元分析验证其有效性。研究结果表明:

1) 倒置 T 型钢与混凝土叠合板具有良好的组合效应,能够有效降低组合楼盖结构高度。T 型钢与混凝土界面贴合紧密,未出现分离和滑动,混凝土叠合土板能有效约束 T 型钢腹板,使 T 型钢与混凝土板形成组合截面,显著减小上肋 T 型钢截面的应变。

2) 柱上板带是钢网格受力的关键。在均布荷载作用下,柱头叠合板裂缝逐渐开展,跨中下肋首先屈服,结构刚度开始下降;随着荷载逐渐增加,剪力键与下肋连接处焊缝发生撕裂破坏,结构刚度急剧下降。因此,在此类结构的应用中应着重关注焊缝的焊接质量。

3) 根据精细化有限元分析结果可知,混凝土板顶面裂缝首先发生在柱边负弯矩区,与试验现象一致。随着荷载的增加,周边裂缝逐渐向跨中发展,剪力键顶部也逐渐开裂。混凝土板底部的裂缝主要出现在跨中柱上板带位置,且随着荷载的逐渐增加,裂缝沿柱上网格逐渐向两侧发展。

4) 根据参数化有限元分析可知,增大钢网格下肋截面尺寸相比增大上肋截面尺寸对结构承载力影响更大,剪力键作为关键构件对结构的受力影响较大。优化截面设计过程中,可通过减小跨中上肋截面、增大下肋截面,达到节省用钢量的目的,也体现了空间网格结构构件可以灵活设置的特性。

5) 利用截面分析法,提出了组合截面的正负弯矩区的抗弯承载力设计方法,提出了剪力键和空腹梁的抗弯简化设计理论。计算结果验证了该种结构组合作用良好,理论计算精度满足实用要求。

第 4 章　装配式倒置 T 型钢-混凝土组合空腹夹层板楼盖自振特征、舒适度试验与性能研究

4.1　引　　言

传统的大跨度空间结构广泛应用于各种公共建筑，其显著特征是跨度较大且是非上人屋面，可以抵抗自然荷载，满足结构的稳定性和承载力要求。近年来，随着轻质高强度材料在工程项目中广泛应用，大跨度楼盖在装配式结构设计中也得到越来越多的重视。多层和高层大跨度建筑可以提供开放式和多功能空间划分，同时可以节约更多的土地资源，具有广阔的前景。然而大跨度楼盖通常具有柔度大和固有频率低的特点，其固有频率接近于行人激励（如行走、跳跃和跳舞）等低频动力荷载对应的激励频率[75,76]。在这些结构的使用过程中，在人行激励荷载工况下，楼盖可能会发生动力响应过大的情况，甚至因共振产生灾难性的破坏。因此，大跨度组合楼盖结构在满足承载能力极限状态和正常使用极限状态的前提条件下，还应该充分考虑楼盖在人致激励作用下正常使用的舒适度和安全问题[77,78]。

楼盖过度的振动除了会导致振动舒适性问题，使居住者感到不舒服，还会损害结构的受力性能，降低建筑物的潜在商业价值，甚至导致恐慌[79,80]。1985 年在瑞典乌利维球场（Nya Ullevi）举行的一场音乐会上，兴奋的观众随着音乐跳跃，对体育场的基础造成了破坏[81]。1994 年，在伦敦的一场音乐会上，由于观众有节奏的动作，包括跳跃，临时看台倒塌，导致 50 人受伤[82]。2011 年 7 月，韩国首尔一座 39 层的建筑中居民感受到强烈的垂直振动，持续时间约 10min。人们认为大楼可能会倒塌，惊慌地逃离。该建筑被关闭两天进行实地调查，调查显示当时没有地震或强风的记录，振动最可能的原因是 12 楼健身中心

的人群活动[83]。2021年5月深圳福田华强北赛格广场大厦产生上下震颤，大量商户撤离。最终调查结果显示，震颤是由多重因素耦合造成的，专家建议通过阻尼提高楼盖结构的舒适度。类似的楼盖振动影响案例还有很多，振动舒适性问题已成为组合楼盖结构系统设计中的一个突出问题，甚至是关键因素[84,85]。

装配式倒置T型钢-混凝土组合空腹夹层板楼盖结构在局部是一种三维受力体系，在整体上可以看作一种考虑剪切变形的板，广泛应用于各种跨度的建筑中。该结构虽然继承了传统单层大跨度空间结构的优点，楼盖厚度较小，质量轻，刚度大[86]，但自振频率偏低，相比单层非上人屋面结构使用工况也要复杂得多。楼盖跨度较大，由于组合楼盖中钢材的固有特性，其自振频率相比同跨度的混凝土空腹夹层板楼盖要低，更加接近人活动时的荷载激励频率，容易产生共振的现象，影响人体的感官舒适度。因此，有必要对装配式倒置T型钢-混凝土组合空腹夹层板楼盖结构的动力特性进行深入研究。通过对结构的振动模态进行分析，可得到其模态的振型、固有自振频率、阻尼比等表征结构动力特征的参数。根据这些动力特征参数，从宏观上判断结构的刚度是否满足工程应用的要求；通过对结构进行多阶振型的分析，了解结构容易发生共振的区域，找出结构刚度薄弱区域，避免结构在外界同频率的激励荷载作用下发生共振，使结构薄弱区域出现破坏。同时，需要监测在人类活动的激励作用下楼盖最不利点的加速度峰值，对楼盖舒适度做出评价，如不满足使用条件则采取补救措施，以便使该新型楼盖更好地投入实际应用。

为了评估振动舒适性问题，除了常规的挠度控制以外，通常采用两个关键控制指标，其一是地板基频，其二是最不利点的最大振幅。相关设计标准在《混凝土结构设计规范》（GB 50010—2010）[64]、AISC设计指南（1997）[87]、ISO 10137：2007[88]等规范、标准和行业指南中做了详细规定。本章以9.0m×9.0m的试验模型为研究对象，对单层楼盖进行竖向振动模态测试，获得模态的振型和竖向自振频率，同时测试在人体活动荷载激励作用下楼盖的竖向加速度时程曲线，获得最不利点的最大加速度。将测试结果与有限元分析结果进行对比，以国内外相关标准对楼盖模型的舒适度进行评价，验证该种结构的可靠性，为其推广应用提供参考。

4.2 模态分析基本原理[89,90]

模态分析也称自由振动分析，是研究结构动力特性的一种方法，是通过系统识别方法分析结构的振动特性。模态是结构在特定频率下的振动形态,每个模态具有特定的模态振型、固有频率和阻尼比[91-93]。通过计算或试验分析可以获得模态参数,这种计算或者试验分析过程称为模态分析。

模态分析的经典定义是将线性定常数振动微分方程中的左边变换为模态坐标,使方程组解耦,成为一组以模态坐标及模态参数描述的独立方程,以便求出系统的模态参数。坐标变换的变换矩阵称为模态矩阵,其每列为模态振型。

单层楼盖结构可近似看作竖向具有单个自由度的结构体系,对于粘滞单自由度系统,其力学模型如图4.1所示,其运动微分方程可表示为

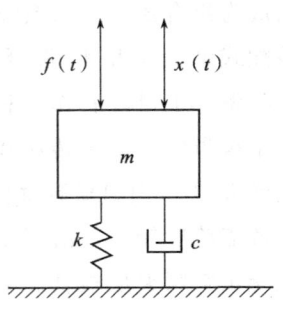

图 4.1 单自由度体系力学模型

$$m\ddot{u}(t) + c\dot{u}(t) + ku(t) = f(t) \tag{4.1}$$

式中　　m,c,k——单自由度系统的质量、阻尼和刚度;

$\ddot{u}(t),\dot{u}(t),u(t)$——单自由度系统的加速度、速度、位移,均是与时间 t 相关的量;

$f(t)$——外界施加的激振。

对于自由振动,给定初始位移 $u(t)$ 的情况下,可令 $f(t)=0$,式(4.1)可表示为

$$m\ddot{u}(t) + c\dot{u}(t) + ku(t) = 0 \tag{4.2}$$

其解的形式可表示为

$$u = X e^{st} \tag{4.3}$$

其中 X 是与时间无关的量,s 为复数。

令初始值为0,对式(4.1)两侧进行拉普拉斯变换,可得

$$(ms^2 + cs + k)u(s) = f(s) \tag{4.4}$$

其中,s 为拉氏变换因子,$f(s)$ 为 f 的拉氏变换,$u(s)$ 为 u 的拉氏变换。

由于自由式振动外部的激励为0,即 $f(s)=0$,可知:

$$ms^2 + cs + k = 0 \tag{4.5}$$

求解可得 s 的两个根:

$$s_{1,2} = -\frac{c}{2m} \pm \frac{\sqrt{c^2 - 4km}}{2m} = -\omega_0 \zeta \pm j\omega_0 \sqrt{1-\zeta^2} \tag{4.6}$$

其中，$\omega_0 = \sqrt{\dfrac{k}{m}}$ 为无阻尼固有圆频率，$\zeta = \dfrac{c}{2\sqrt{km}}$ 为阻尼比，通常情况下钢结构的阻尼比取值范围为 0.01～0.1。

式（4.4）中 (ms^2+cs+k) 为单自由度系统的动力刚度，在外部激励作用下其数值与 $u(s)$ 成反比，具有阻止系统振动的特性，因此也称为系统的阻抗，则有

$$Z(s) = ms^2 + cs + k \tag{4.7}$$

令式（4.7）中 $Z(s)$ 的倒数为 $H(s)$，定义为传递函数，即

$$H(s) = \dfrac{1}{Z(s)} = \dfrac{1}{ms^2 + cs + k} \tag{4.8}$$

令 $s=j\omega$，在傅氏域中对式（4.1）进行变换，则式（4.7）和式（4.8）变换为

$$Z(\omega) = -m\omega^2 + cj\omega + k \tag{4.9}$$

$$H(\omega) = \dfrac{1}{-m\omega^2 + cj\omega + k} \tag{4.10}$$

式（4.10）为频响函数，进一步可以表示为

$$\begin{aligned} H(\omega) &= \dfrac{-m\omega^2 + k}{(-m\omega^2+k)^2+(\omega c)^2} + j\dfrac{-\omega c}{(-m\omega^2+k)^2+(\omega c)^2} \\ &= \dfrac{1}{k}\left[\dfrac{1-\bar{\omega}^2}{(1-\bar{\omega}^2)^2+(2\zeta\bar{\omega})^2} + j\dfrac{-2\zeta\bar{\omega}}{(1-\bar{\omega}^2)^2+(2\zeta\bar{\omega})^2}\right] \end{aligned} \tag{4.11}$$

其中 $\bar{\omega} = \dfrac{\omega}{\omega_0}$ 称为频率比。

多自由度体系阻尼系统如图 4.2 所示，其运动方程可以表示为

$$\boldsymbol{M\ddot{U}} + \boldsymbol{C\dot{U}} + \boldsymbol{KU} = \boldsymbol{F} \tag{4.12}$$

式中 $\boldsymbol{M}$，$\boldsymbol{C}$，$\boldsymbol{K}$——多自由度体系的质量矩阵、阻尼矩阵和刚度矩阵；

$\boldsymbol{U}$，$\boldsymbol{F}$——位移矩阵和外部激励矩阵，$\boldsymbol{U} = \{u_1\ u_2\ \cdots\ u_n\}^\mathrm{T}$，

$\boldsymbol{F} = \{f_1\ f_2\ \cdots\ f_n\}^\mathrm{T}$。

对式（4.12）进行拉氏变换，可得

$$(\boldsymbol{M}s^2 + \boldsymbol{C}s + \boldsymbol{K})\boldsymbol{U}(s) = \boldsymbol{F}(s) \tag{4.13}$$

其中 $U(s) = \displaystyle\int_{-\infty}^{+\infty} U(t)\mathrm{e}^{-st}\mathrm{d}t$，$F(s) = \displaystyle\int_{-\infty}^{+\infty} F(t)\mathrm{e}^{-st}\mathrm{d}t$，分别为系统在初始条件为零时的位移响应与激励力的拉氏变换，$s = \sigma + j\tau$，$s^* = \sigma + j\tau$，s^* 为 s 的拉氏变换。

式（4.12）可以改写为

$$\boldsymbol{Z}(s)\boldsymbol{X}(s) = \boldsymbol{F}(s) \tag{4.14}$$

其中 $Z(s)$ 为位移阻抗矩阵，其表达式为

$$Z(s) = Ms^2 + Cs + K \quad (4.15)$$

阻抗矩阵 $Z(s)$ 的逆矩阵为多自由度系统的传递函数矩阵，即

$$H(s) = Z^{-1}(s) = (Ms^2 + Cs + K)^{-1} \quad (4.16)$$

$$Z(\omega) = (K - M\omega^2 + Cj\omega) \quad (4.17)$$

$$Z(\omega) = Z(\omega)^{-1} = (K - M\omega^2 + Cj\omega)^{-1} \quad (4.18)$$

由式（4.16）~式（4.18），可将系统的运动方程改写为

$$(K - M\omega^2 + Cj\omega)U(\omega) = F(\omega) \quad (4.19)$$

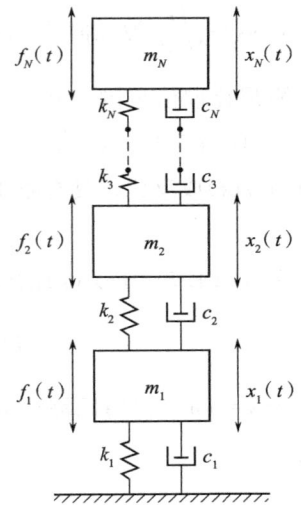

图 4.2 多自由度体系阻尼系统

根据振动理论，以 φ_{lr} 表示系统中第 l 个质点的第 r 阶模态振型常数，则系统中任意点 l 的响应为各阶模态响应的线性组合，即

$$x_l(\omega) = \varphi_{l1}q_1(\omega) + \varphi_{l2}q_2(\omega) + \cdots + \varphi_{lN}q_N(\omega) = \sum_{r=1}^{N} \varphi_{lr}q_r(\omega) \quad (4.20)$$

系统第 r 阶模态向量为 $\boldsymbol{\phi}_r = \{\varphi_1 \; \varphi_2 \; \cdots \; \varphi_N\}_r^{\mathrm{T}}$，$\varphi_1, \varphi_2, \cdots, \varphi_N$ 分别为每个质点的振型系数，各阶模态向量组成的矩阵为模态矩阵，即

$$\boldsymbol{\Phi} = [\boldsymbol{\phi}_1 \boldsymbol{\phi}_2 \cdots \boldsymbol{\phi}_N] \quad (4.21)$$

由式（4.20）及式（4.21）可得系统的响应列向量为

$$U(\omega) = \boldsymbol{\Phi} Q \quad (4.22)$$

式（4.22）中 $Q = \{q_1(\omega), q_2(\omega), \cdots, q_N(\omega)\}^{\mathrm{T}}$，为振型向量。将式（4.22）代入式（4.19），可得

$$(K - M\omega^2 + Cj\omega)\boldsymbol{\Phi} Q = F(\omega) \quad (4.23)$$

对于无阻尼多自由度系统的自由振动，系统的全部模态均满足 $(K - M\omega^2)\boldsymbol{\Phi} = 0$。根据模态的正交性，第 r 阶模态的惯性力对第 s 阶模态位置所做的功为零，则有

$$\boldsymbol{\phi}_s^{\mathrm{T}} M \boldsymbol{\phi}_r = 0, s \neq r$$

$$\boldsymbol{\phi}_s^{\mathrm{T}} K \boldsymbol{\phi}_r = 0, s \neq r$$

根据模态向量的归一化原则，引入加权模态向量 $\tilde{\boldsymbol{\phi}}$：

$$\tilde{\boldsymbol{\phi}} = \frac{1}{\sqrt{M_r}} \boldsymbol{\phi} \tag{4.24}$$

系统的质量矩阵 $\boldsymbol{M}$ 和刚度矩阵 $\boldsymbol{K}$ 对加权模型向量的正交性满足下列条件：

$$\tilde{\boldsymbol{\phi}}_r^{\mathrm{T}} \boldsymbol{M} \tilde{\boldsymbol{\phi}}_s = \begin{cases} 0, & s \neq r \\ 1, & s = r \end{cases} \tag{4.25}$$

$$\tilde{\boldsymbol{\phi}}_r^{\mathrm{T}} \boldsymbol{K} \tilde{\boldsymbol{\phi}}_s = \begin{cases} 0, & s \neq r \\ \omega_r^2, & s = r \end{cases} \tag{4.26}$$

对运动方程（4.23）进行解耦，可得

$$\boldsymbol{\Phi}^{\mathrm{T}} (\boldsymbol{K} - \boldsymbol{M} \omega^2) \boldsymbol{\Phi} \boldsymbol{Q} = 0 \tag{4.27}$$

$$(\bar{\boldsymbol{K}} - \bar{\boldsymbol{M}} \omega^2) \boldsymbol{Q} = 0 \tag{4.28}$$

其中：

$$\bar{\boldsymbol{K}} = \boldsymbol{\Phi}^{\mathrm{T}} \boldsymbol{K} \boldsymbol{\Phi} = \begin{bmatrix} K_1 & & & & \\ & \ddots & & & \\ & & K_r & & \\ & & & \ddots & \\ & & & & K_N \end{bmatrix}, \bar{\boldsymbol{M}} = \boldsymbol{\Phi}^{\mathrm{T}} \boldsymbol{M} \boldsymbol{\Phi} = \begin{bmatrix} M_1 & & & & \\ & \ddots & & & \\ & & M_r & & \\ & & & \ddots & \\ & & & & M_N \end{bmatrix}$$

根据运动方程的线性关系，由于质量矩阵 $\boldsymbol{M}$ 和刚度矩阵 $\boldsymbol{K}$ 具有对称性和正交性，则阻尼矩阵 $\boldsymbol{C}$ 也具有正交性，则

$$\bar{\boldsymbol{C}} = \boldsymbol{\Phi}^{\mathrm{T}} \boldsymbol{C} \boldsymbol{\Phi} = \begin{bmatrix} C_1 & & & & \\ & \ddots & & & \\ & & C_r & & \\ & & & \ddots & \\ & & & & C_N \end{bmatrix}$$

将 $\bar{\boldsymbol{M}}$、$\bar{\boldsymbol{K}}$ 和 $\bar{\boldsymbol{C}}$ 代入运动方程（4.23），可得

$$(\bar{\boldsymbol{K}} - \bar{\boldsymbol{M}} \omega^2 + \bar{\boldsymbol{C}} j \omega) \boldsymbol{Q} = \boldsymbol{F}_\phi \tag{4.29}$$

$$\boldsymbol{F}_\phi = \boldsymbol{\Phi}^{\mathrm{T}} \boldsymbol{F}(\omega) \tag{4.30}$$

对于多自由度系统的第 r 阶模态，有

$$(\boldsymbol{K} - \boldsymbol{M} \omega^2 + \boldsymbol{C} j \omega) \boldsymbol{q}_r = \boldsymbol{F}_r \tag{4.31}$$

$$\boldsymbol{F}_r = \boldsymbol{\phi}_r^{\mathrm{T}} \boldsymbol{F}(\omega) \tag{4.32}$$

4.3 测 试 项 目

4.3.1 测试目的

本次楼盖动力性能测试的对象为 9.0m×9.0m 中小跨度下的装配式倒置 T 型钢-混凝土组合空腹夹层板楼盖，其三维构造和详细尺寸如图 3.1 所示。楼盖结构采用组合钢空腹夹层板新型结构形式，其显著特点是框架柱沿周边布置，使得楼盖结构中间有较大的开间和进深，提高空间的使用效率。试验中测试楼盖面积为 $81m^2$，在建筑住宅项目中，可以类比看作单户紧凑型三居室套内面积。该楼盖平面布局方正，室内布局可通过分隔墙体自由划分，满足不同人群对于空间的改造和功能划分的需求。由于该楼盖结构采用轻质高强的型钢空腹梁，楼盖质量较轻，结构在外界荷载如风、人类活动荷载作用下容易产生比较明显的振动，对人们的工作、生活及心理健康会产生一定的影响[93]。因此，需测试和研究在各种人类活动荷载激励作用下楼盖的舒适性。

为消除外界活动对自然激励条件下的楼盖基频和各种工况下加速度测试的影响，试验在夜间进行。空腹楼盖的固有频率和振动模态采用自然环境激励测试获得。相较于锤击激励、振动器激励和悬挂重物激励方法，该方法具有成本低且安全有效的特点[94]。以各种工况下的人类活动测试楼盖最不利点的加速度峰值，评估结构的舒适度。

测试分两部分进行：

1）在自然激励条件下测试 ITSOF 楼盖的固有频率和振动模态。

2）测定在行走、奔跑、跳跃三种人类活动激励作用下空腹楼盖的加速度时程曲线，获得最不利点的加速度峰值，评价人为振动响应，判别各种工况下楼盖的舒适度状况。

4.3.2 测试方案

1. 主要仪器设备

试验采用的主要设备有笔记本电脑一台、8 通道坚固型东华测试无线桥梁模态测试分析系统 DH5910N 一台，数据采集及分析软件为 DHDAS 动态信号采集系统分析软件。

测试仪器提前完成充电工作，在现场连接好后进行调试，发射天线组装完毕后确认桥模系统信号发射和接收良好。对无线信号数据采集系统进行参数设置：采样频率为100Hz，采用连续采集的模式，触发模式为自由触发，时域点数和频域点数分别为1 024和400。每批次采样时间定为半小时。采用自然环境激励方式测量模态和基频时，排除周边人们的异常活动对楼盖振动的影响。仪器正常工作以后开始测试工作。测试仪器如图4.3所示。

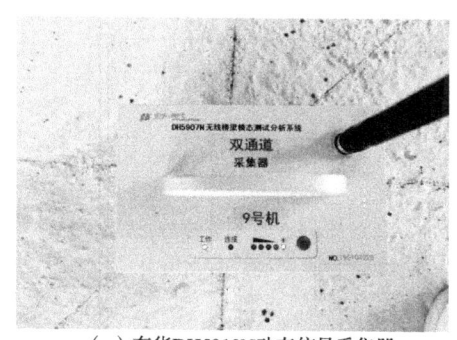 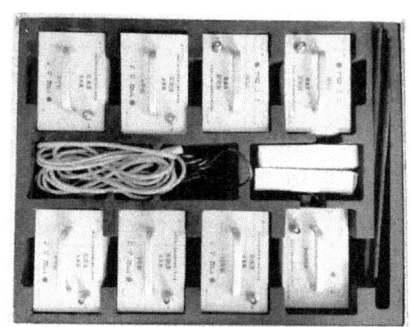

（a）东华DH5910N动态信号采集器　　　　（b）东华DH5910N动态信号测试系统

图4.3　主要测试仪器

2. 模态测试方法

试验模态分析方法常采用频响函数法（测力法）和环境激励法（不测力法）两种[94]。由于楼盖面积较大且平面规整，采用环境激励法（不测力法）进行模态测试。具体试验流程及试验注意事项如下。

基于楼盖模型的板带分布特征，测点均位于空腹梁交会节点处，除柱头理想化刚性约束定点外，本次测试中总共选择了37个测点用于放置加速度计，以准确地映射模态形状，其中17号测点为固定参考点，是基准点。桥模DHDAS信号采集系统每次最多可采集10个测点的数据，因此除固定参考点17外，每次可完成9个测点的数据采集，共需采集4组数据。各组测点如图4.4所示，如1~9号测点是第一组测试点。每组数据测量完成后，按照拾振器编号顺序移动至下一组测点，在这些测点收集自然激励下的加速度数据，包括地球脉动、风荷载等，完成整个楼盖数据的采集工作。通过信号处理（如傅里叶变换），建立各批次数据之间的联系，提取振动信号的频率特征，从而确定结构的模态参数

(如频率、阻尼比和振型)。参考测点的选取原则是：选在振动较大但不在任意一阶振型的节点处。由于测点间距较小，且网格中间叠合薄板会产生局部振动，在选择固定参考点时应该避开此区域。分析可知，楼盖跨中 19 号测点在一阶模态下振动幅度较大，因此固定参考测点选在与其邻近的 17 号测点，水平间隔为 3.0m，如图 4.4 所示。

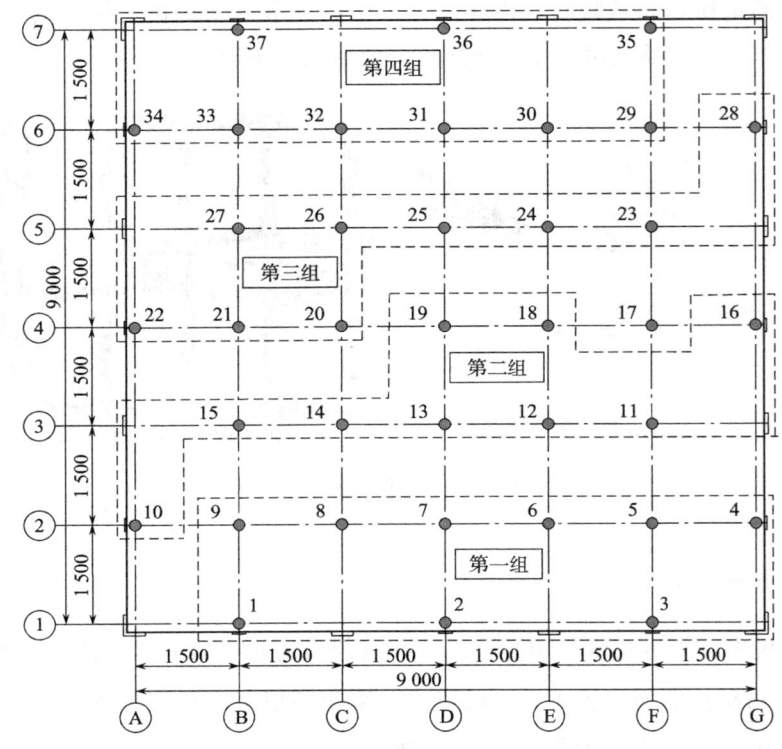

图 4.4　各组测点布置平面

根据测试目的，在有限元模态分析完成后，需完成前 20 阶竖向振动模态的测定，确定结构模型前 10 阶竖向振动模态的频率。本次测试测点均沿 x 和 y 向空腹梁的交叉点分布，任意相邻两个测点距离为 1.5m。由于模态试验需完成四组数据采集，需在 DHDAS 信号采集系统中建立四组数据文件夹。数据组的设定需确保固定参考测点的位置不发生改变（在各组数据采集过程中 17 号测点处的 10 号桥模传感器固定不动）。每完成一组测点的数据采集，在单独的文件夹内进行数据存储和命名，并将除固定参考测点之外的其他测点的传感器按照顺序移动到下一组测点的位置。

模态测试是在自然环境激励情况下进行的，测试时排除测试人员和场地内的其他干扰因素，每组测点采样时间不少于 15min，模态测试时间不少于 120min。在模态测试开始前，用卷式米尺标定测点的位置，并用粉笔记录编号，在标定的测点位置用墨斗弹线完成测点网格线的绘制工作。为保证传感器采集数据精确，传感器底面应接触平整。现场采用橡皮泥将传感器粘在楼板表面后按压，确保传感器底面平整。

测试完成后将数据导入数据分析系统，计算处理后得到不同阶次竖向模态振型和各阶模态下的振动频率。将测试系统分析得到的结果与有限元计算结果对比，评估测量数据的准确性和合理性。若单组测量数据存在较大的误差，则考虑受到外界环境中人为因素的影响，可选择人员活动较少的时段重新开展测试工作。

4.3.3 测试结果

将四组共计 37 个点位的数据导入东华 DHDAS 后处理软件进行模态分析，得到装配式 T 型钢-混凝土组合楼盖的前六阶模态频率，见表 4.1。实测楼盖前六阶模态如图 4.5 所示。

表 4.1 实测楼盖前六阶模态频率及阻尼比

模态阶数	1	2	3	4	5	6
竖向自振频率/Hz	7.30	15.40	18.32	22.10	22.78	23.85
阻尼比/%	2.01	1.65	1.43	1.14	1.12	0.98

实测试验模型竖向振动模态（图 4.5）可知，第一阶振型为半波振型，最大振幅点位于模型中部的 19 号测点；第二阶振型为全波振型，沿方形楼盖平面波峰和波谷呈反对称布置，最大振幅点在 13 号测点和 25 号测点附近；第三阶振型为沿模型对角线对称的两组波峰和波谷，最大振幅点均在角部四个网格，分别在 5 号、9 号、29 号、33 号测点附近；第四阶振型为两组沿模型对角线的一个半振型，形成两个波谷一个波峰，最大振幅点位于 5 号、9 号、19 号、29 号、33 号测点附近；第五阶振型为沿对角线的全波形及两组沿模型平分线的小波形，最大振幅点在 5 号和 33 号测点；第六阶振型为沿模型对角线两侧分布的两组局部全波形，局部最大振幅出现在 7 号、17 号、21 号和 31 号测点附近。

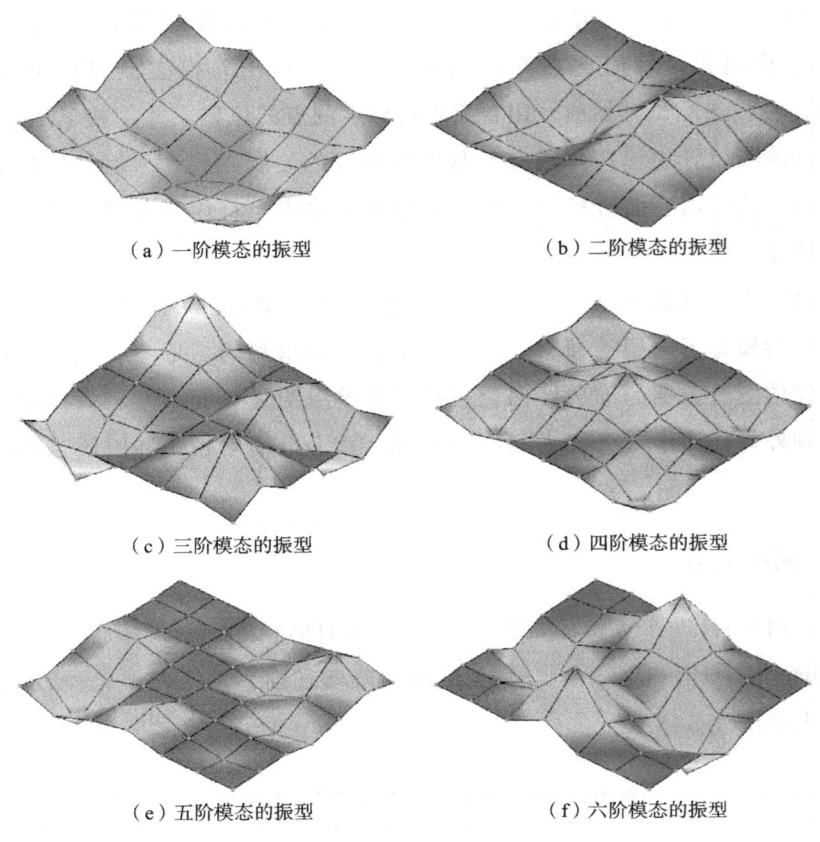

(a) 一阶模态的振型　　　　　　(b) 二阶模态的振型

(c) 三阶模态的振型　　　　　　(d) 四阶模态的振型

(e) 五阶模态的振型　　　　　　(f) 六阶模态的振型

图 4.5　实测楼盖前六阶模态

4.4　模态有限元验证

4.4.1　有限元模型的建立

常用的商业结构设计软件针对装配式 T 型钢-组合空腹夹层板楼盖这种楼层特征不明显的空间结构进行建模时采用梁柱单元，对结构的受力特征还原度较差，模态分析的准确性不太理想。

本书采用 Abaqus－v14.0 通用有限元分析软件对组合空腹楼盖试验模型采用 1∶1 的比例进行全尺寸建模，获得其竖向振动模态。为考虑周边钢柱对楼盖动力特征的影响，建模时参考试验模型在楼盖周边框架柱底部设置参考点，对参考点建立三个方向的线位移和角位移约束,对柱子底部建立刚性约束。楼盖中上、下肋及其他型钢构件均采用 S4R 壳体单元。混凝土叠合板采用正六面体划分的 C3D8R 实体单元,预制板和叠合板内部钢筋网采用埋入式桁架单元 T3D2。考虑到实际工程中混凝土叠合板与型钢内嵌缝隙灌满含有微膨胀剂的细石混凝土,同时表层现浇板与型钢之间采用过度约束的抗剪键连接,将试验模型边界条件简化后,有限元模型中上肋 T 型钢腹板与混凝土板采用嵌入式抗剪连接,单元之间采用划分好的其节点连接。由于板底和上肋翼缘上表面无抗剪键连接,接触面之间采用切向滑动和法向硬接触的接触方式,摩擦系数为 0.3。

有限元模型中型钢和混凝土材料力学指标均采用第 3 章 3.2 节中材性试验的结果,型钢泊松比为 0.3,型钢构件间采用布尔运算后形成整体钢构件模型,钢构件采用相贯面切割后自由划分成网格尺寸为 20mm 和 12.5mm 的六面体单元;混凝土为与试验模型相同的 C30 商品混凝土,密度为 $2\,500\text{kg/m}^3$,弹性模量取值为 $3.0\times10^4\text{N/mm}^2$,泊松比为 0.2。为加快计算,混凝土在 z 轴方向划分成 27mm 和 36mm 两种不同尺寸的网格,在 x、y 方向划分的网格尺寸为 50mm。考虑动力荷载的影响,将型钢和混凝土材料的弹性模量乘以 1.2 的动力放大系数,结构的阻尼比设定为 0.03,且不考虑风荷载和地震作用等外界因素对楼盖自振特征的影响,仅考虑自重情况,计算模型如图 3.21 所示。

4.4.2 自振特征分析

Abaqus 2020 特征值求解器提供了 Lanczos、子空间迭代法和 AMS 三种求解方法。其中,Lanczos 主要适用于自由度规模超过 100 万的模型,以及求解特征值频率范围或模态数较大的情况;AMS 针对结构或构件体量大的复杂结构,计算速度较快;子空间迭代法通过对平衡方程的特征向量进行分析可以获得模型自振特征和频率,计算量较大,但计算精度较高,在低阶数范围内可以获得精度更好的结果[95-103]。

本书中计算模型采用子空间迭代法对楼盖结构进行模态分析,获得其前 20 阶的振动模态,其中竖向振动模态如图 4.6 所示。

由图 4.6 可知,组合空腹楼盖的第一阶模态为竖向半波振型,第五阶和第六阶为全波振型,第二、第三阶模态为水平振动模态,第四阶为扭转模态。分析可知,主要原因为有限元模型为单层楼盖,未考虑上层柱对楼盖的约束,无法增大结构水平刚度,所以水平振动模态出现在前几阶。这里忽略其对楼盖模态分析的影响。楼盖前 20 阶模态自振频率见表 4.2。

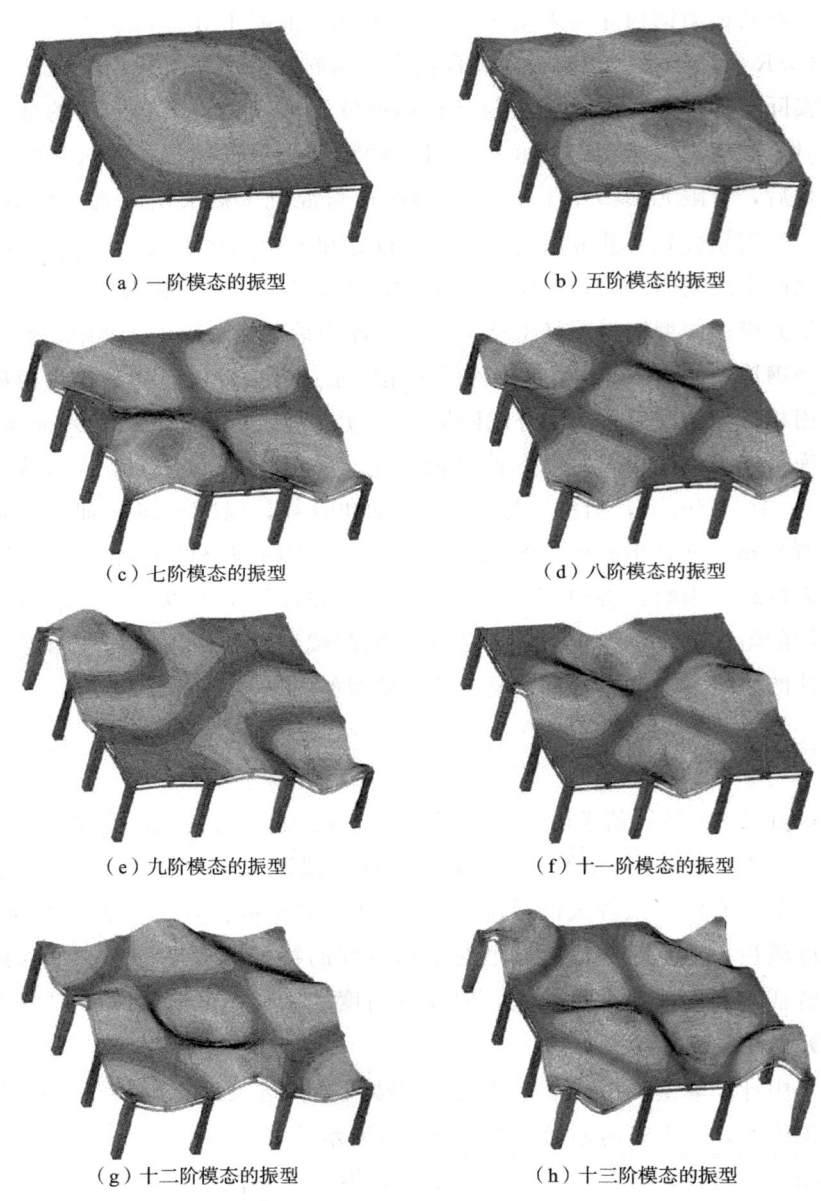

(a) 一阶模态的振型　　　　　(b) 五阶模态的振型

(c) 七阶模态的振型　　　　　(d) 八阶模态的振型

(e) 九阶模态的振型　　　　　(f) 十一阶模态的振型

(g) 十二阶模态的振型　　　　(h) 十三阶模态的振型

图 4.6　数值模拟的空腹楼盖竖向振动模态

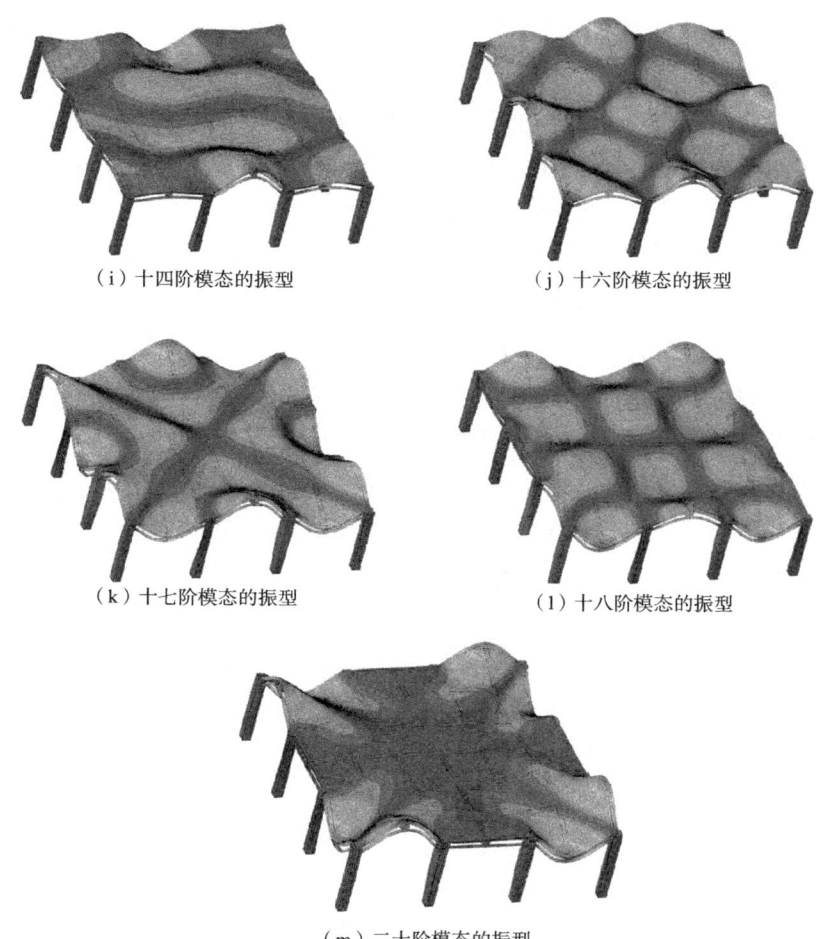

(i) 十四阶模态的振型　　　　　(j) 十六阶模态的振型

(k) 十七阶模态的振型　　　　　(l) 十八阶模态的振型

(m) 二十阶模态的振型

图 4.6　数值模拟的空腹楼盖竖向振动模态（续）

表 4.2　组合空腹楼盖前 20 阶模态自振频率

模态阶数	1	2	3	4	5	6	7	8	9	10
自振频率/Hz	7.61	9.18	9.18	13.04	15.54	15.54	20.23	23.26	23.94	23.95
模态阶数	11	12	13	14	15	16	17	18	19	20
自振频率/Hz	25.11	28.38	30.54	32.47	32.47	38.71	39.06	39.31	39.31	40.32

由前 20 阶自振频率可知，结构模型的竖向振动频率和水平振动频率均较高，表明装配式 T 型钢-组合空腹夹层板楼盖结构具有较好的抗侧刚度和竖向刚度。其中，扭转模态出现在第四阶，表明其刚度分布较为均匀。从整体上看，

在早期阶次出现了频率跳跃现象，高阶模态上自振频率比较密集，相邻频率较为接近，表明结构属于高阶模态密集型结构。

将楼盖前10阶竖向模态自振频率实测数据与有限元模型数据对比（表4.3）可知，实测楼盖模型各阶段自振频率均小于有限元分析的结果。除少数几阶频率误差偏大外，其他阶次的竖向自振频率的误差均不超过11%。其主要原因是，有限元模型中混凝土叠合板与型钢腹板之间采用嵌入式共节点绑定，属于理想化假设，而实际测试模型中通过抗剪键连接，二者在边界条件上存在差异。尤其是负弯矩区，上肋腹板嵌入混凝土叠合板，相比U型剪力键内置嵌入，对楼盖整体结构的组合作用有较大提升，因此组合楼盖的有限元模型在负弯矩区整体刚度较大，有限元模型获得的频率相对较高。但从前10阶的竖向自振频率看，各阶频率的发展趋势一致，误差也在可接受的范围内，表明有限元方法针对此种新型组合楼盖具有良好的精度，且该种结构具有较高的一阶自振频率，远高于人类活动工况的频率，结构具有良好的适应性。

表 4.3 有限元模型和实测模型前 10 阶竖向自振频率对比

模态阶数	1	2	3	4	5	6	7	8	9	10
测试频率/Hz	7.30	15.40	18.32	22.10	22.78	23.85	26.03	28.87	30.43	36.23
有限元模型计算频率/Hz	7.61	15.54	20.23	23.26	23.94	25.11	28.38	30.54	32.47	38.71
误差/%	4.25	1.40	10.40	5.25	5.09	5.28	9.03	5.78	6.70	6.85

4.5 楼盖舒适度动力特征测试

4.5.1 楼盖振动方程[104-114]

楼盖在人行荷载作用下的振动微分方程可以表示为

$$\frac{\partial^2}{\partial x}\left(EI\frac{\partial^2 y}{\partial x}\right) + m\frac{\partial^2 y}{\partial t^2} + c\frac{\partial y}{\partial x} = p(x,t)$$

式中　EI——组合楼盖的抗弯刚度；

　　　m——组合楼盖的质量；

　　　c——组合楼盖的阻尼。

引入广义坐标 $Y_n(t)$，设相应的振型函数为 $\varphi_n(t)$，采用振型叠加法，得到

$$y(x,t) = \sum_{n=1}^{\infty} \varphi_n(t) Y_n(t)$$

根据振型正交性，可以得到解耦的运动方程：

$$\ddot{Y}_n + 2\xi_n \omega_n \dot{Y}_n + \omega_n^2 Y_n = P_n(t)/M_n \quad (n=1,2,3,\cdots)$$

式中　　ξ_n——振型阻尼比；

　　　　ω_n——固有频率；

　　　　$P_n(t)$——振型力，$P_n(t) = \int P(x,t)\varphi_n(t)\mathrm{d}x$；

　　　　M_n——振型的质量，$M_n = \int m\varphi_n^2(x)\mathrm{d}x$。

4.5.2　倒置 T 型钢-混凝土组合空腹楼盖的舒适度测试

1. 主要仪器设备

试验采用的主要设备有东华 DH5910N 动态信号测试分析系统、采样笔记本电脑及信号收集模块专用数据线。数据采集及分析均采用 DHDAS 动态信号采集分析系统，设定的采样频率为 100Hz。

2. 测点布置

测试前先将拾振器底部用橡皮泥粘在混凝土楼板上，确保其水平放置。由模态分析的结果可知，加速度传感器的测点通常选择在振动幅度较大的位置。为研究双向对称楼盖在人致激励下的竖向振动加速度，将传感器布置在跨中板带上，双向对称共设置九个数据测点，其编号为 P1～P9，其中 P4 号测点位于一阶振型最大幅值点，即测试模型的对称中心位置。预先设定的行走路线及定点跳跃激励位置均围绕 P4 号点展开，P1～P3 号测点拾振器沿跨度 y 方向与 P4 号拾振器的距离分别为 4.5m、3.0m、1.5m；P5～P7 号测点加速度传感器沿 x 轴方向与楼盖中心的 P4 号拾振器的距离分别为 1.5m、3.0m、4.5m。P8 和 P9 号测点沿四分之一区域的角线布置。各测点具体位置如图 4.7(a)所示，图 4.7(b)为单个拾振器在测点的布置。

3. 激励路线

试验开始前，在混凝土楼板上采用墨斗沿跨中板带的空腹梁轴线弹好 1.5m×

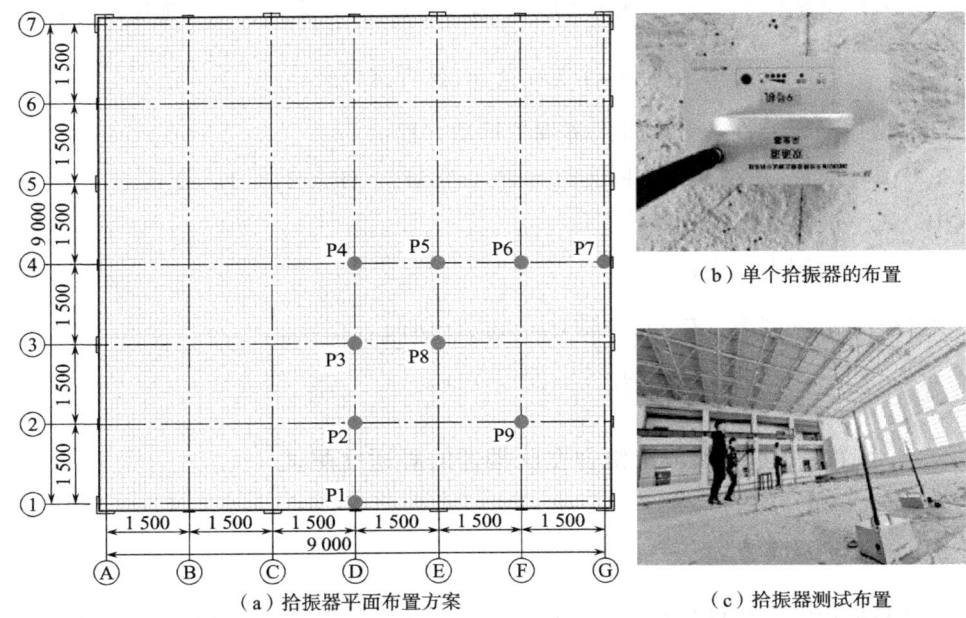

图 4.7 人行激励试验方案

1.5m 的网格。分别沿跨中板带和对角线方向采用墨斗线弹出 A2 和 B2 两条行走和奔跑路线，如图 4.8 所示。在楼盖结构叠合板上表面用皮尺量出路线的长度，计算行走的步距和步数。多人工况的平行行进路线要注意测试人员之间的间距，避免相互干扰影响行进的节奏。设定同一个方向路线的间距为 0.9m，在主行进路线 A2 和 B2 两侧分别确定路线 A1 和 A3、B1 和 B3。根据步距长度用粉笔标记好脚掌落地位置，试验开始后要求测试者根据播放节奏的频率按标记的落脚点位置行进。

4. 试验方案和工况

本测试项目选取了 3 名行人，体重分别为 $M_1=60$kg，$M_2=75$kg，$M_3=90$kg，满足 AISC 设计指南[115]中关于舒适度测试的要求。人行活动采用不同的激励方式，包括步行、跳跃、奔跑和无规律行走等。根据试验变量（行人数量、步频、行走路线、跳跃位置和频率）将 28 种工况按照行走、奔跑和跳跃三种活动方式分为三组，见表 4.4。

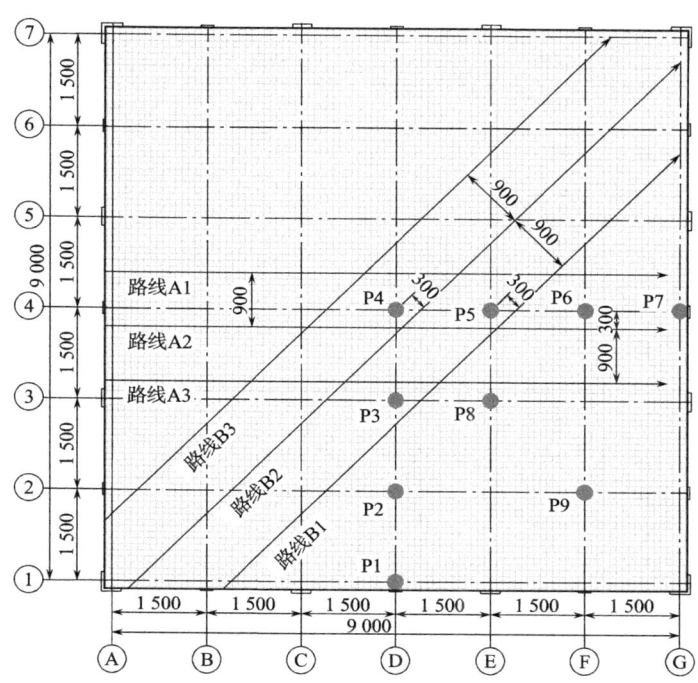

图 4.8 多人和单人行进激励路线平面图

表 4.4 人行激励工况分类

激励	因素	工况	频率/Hz	激励者	行进路线	跳跃点
行走	频率、路径	W1	1.2	M_2	A2	—
		W2	1.5	M_2	A2	—
		W3	2.0	M_2	A2	—
		W4	1.2	M_2	B2	—
		W5	1.5	M_2	B2	—
		W6	2.0	M_2	B2	—
	频率、人数	W7	1.2	$M_1/M_2/M_3$	A1/A2/A3	—
		W8	1.5	$M_1/M_2/M_3$	A1/A2/A3	—
		W9	2.0	$M_1/M_2/M_3$	A1/A2/A3	—
		W10	1.2	$M_1/M_2/M_3$	B1/B2/B3	—
		W11	1.5	$M_1/M_2/M_3$	B1/B2/B3	—
		W12	2.0	$M_1/M_2/M_3$	B1/B2/B3	—

续表

激励	因素	工况	频率/Hz	激励者	行进路线	跳跃点
行走	随机、人数	W13	—	$M_1/M_2/M_3$	A1/A2/A3	—
		W14	—	$M_1/M_2/M_3$	B1/B2/B3	—
		W15	—	$M_1/M_2/M_3$	—	—
奔跑	频率、路径	R1	1.0~1.6	M_2	A2	
		R2	1.8~2.0	M_2	A2	
		R3	2.4~3.0	M_2	A2	
		R4	1.0~1.6	M_2	B2	
		R5	1.8~2.0	M_2	B2	
		R6	2.4~3.0	M_2	B2	
	随机、人数	R7	—	$M_1/M_2/M_3$		
跳跃	频率、人数	J1	1.8	M_2	—	PJ2
		J2	2.4	M_2		PJ2
		J3	3.0	M_2		PJ2
		J4	1.8	$M_1/M_2/M_3$		PJ1/PJ2/PJ3
		J5	2.4	$M_1/M_2/M_3$		PJ1/PJ2/PJ3
		J6	3.0	$M_1/M_2/M_3$		PJ1/PJ2/PJ3

在表 4.4 中，W1~W6 工况用于评估单个行人在不同频率和行进路线条件下对楼盖振动响应的影响；W7~W12 工况用于评估多人在不同频率和行走路线条件下对楼盖振动响应的影响；W13~W15 表示多人在不同频率下按照特定行走路线和不定路线对楼盖产生振动激励的情况。考虑到实际活动条件下成年人正常行走的频率范围，选择三个不同的（低、中、高）速度频率，在 W1~W12 中采用 1.2Hz、1.5Hz 和 2.0Hz 三种不同的步频[116]。试验开始后，采用 Simple way（1.2Hz，即每分钟走 72 步）、Pop hit（1.5Hz，即每分钟走 90 步）、Comedy（2.0Hz，即每分钟走 120 步）三种鼓点音频，控制测试人员行走的速率。如图 4.8 所示，路线 A1、A2、A3 和路线 B2 的长度分别为 9.0m 和 12.5m。若按步行频率为 2Hz 和步距 0.75m 计算，两条路线的行进时间分别为 6s 和 8.3s。同理，路线 B1 和 B3 可按行进距离和频率计算出行进时间。

在单人工况下（W1~W6），参与行走测试的工作人员体重为 $M_2=75$kg，每条路线（A2、B2）均按三种不同频率完成行走，在行走过程中用秒表记录实际行走时间，确保与按照理论步频计算的行走时间一致。行走完成后将采集的各个测点的加速度数据存入不同的文件夹中。在多人工况下（W7～W12），线路编号分别对应相同编号的测试人员，即 M_1 号激励者行走路线为 A1 和 B1，M_2 号激励者行走路线为 A2 和 B2，M_3 号激励者行走路线为 A3 和 B3。多人行走频率和激励方式同单人工况，行进过程中注意相互之间避免干扰。在 W13～W15 工况下按照中速行进的模式，三个测试人员在无行进节奏的情况下先沿着两种不同的线路和无规律行走路线完成对楼盖的激励作用。在指定的路线下行进时，听到记录员发出口令后，三人以异节拍行走，记录员随即开始计时和记录数据，当三个测试人员陆续到达终点后撤离楼盖边缘。在无规律和指定线路条件下，测试人员自由发挥，在楼盖区域自由行走活动。需要注意的是，以特定节拍测试时，现场数据记录人员和计时人员需在三个测试人员步伐一致后开始计时和存储数据。

在单人奔跑工况下考虑了 R1～R6 六种工况条件，采用三种不同频率范围（1.0～1.6Hz、1.8～2.0Hz、2.4～3.0Hz）；采用两个方向的行进路线，分别是沿跨中板带的线路 A2 和沿楼盖的对角线方向的线路 B2，多人随机工况（R7）下，三人无特定行进路线和激振频率，自由奔跑。单一测试人员（M_2）工况条件下，以沿着 A2 和 B2 路线来回跑动的方式激励楼盖的振动响应。测试过程中按照低、中、高三种不同的频率［1.0～1.6Hz（音乐 1.2Hz/72b，其中 b 表示每分钟行进步数/跳跃次数，下同）、1.8～2.0Hz（音乐 1.8Hz/108b）、2.4～3.0Hz（音乐 2.8Hz/180b）］鼓点音乐，分别在两条不同的行进线路上完成激励工作。每次单人激励时间至少为 2min，数据采集系统记录各点加速度数据。在多人无规律跑动的工况下，不再设定跑动路线和方向，三名测试人员在楼盖平面内任意自由跑动。

在跳跃工况下，J1～J6 采用包括接近于组合楼盖的固有频率的 3.0Hz 的跳跃活动频率和正常活动条件下的 2.4Hz 和 1.8Hz 三种频率，模拟诸如跳绳、跌落等人类活动的条件，并测试高频率的人类活动是否会引起组合楼盖加速度超标。根据楼盖的对称特征，在中部选取了三个最不利的跳跃点（PJ1、PJ2、PJ3），研究单人和多人跳跃的频率对组合楼盖的振动响应影响（图 4.9）。在三种活动条件下使用节拍器播放节拍作为参照，引导和控制测试人员跳跃的频率。测试人员按图 4.9 中对应跳跃点编号站位，即测试人员 M_1 站位在 PJ1 处，测试人员 M_2 站位在 PJ2 处，测试人员 M_3 站位在 PJ3 处。单人跳跃激励点（PJ2）

设定在楼盖中心的 P4 点附近,与 P4 点水平间距为 300mm。测试人员的体重为 $M_2=75\text{kg}$。在各种频率的音乐鼓点下引导测试人员跳跃,要求每个频率下的跳跃时长不少于 2min。注意在站位和跳跃过程中不要触动与跳跃位置相邻的 3~5 号传感器。测试开始后,三名测试人员按照音乐节拍同步原地跳跃(108b/144b/180b),现场记录人员完成数据采集和计时工作。

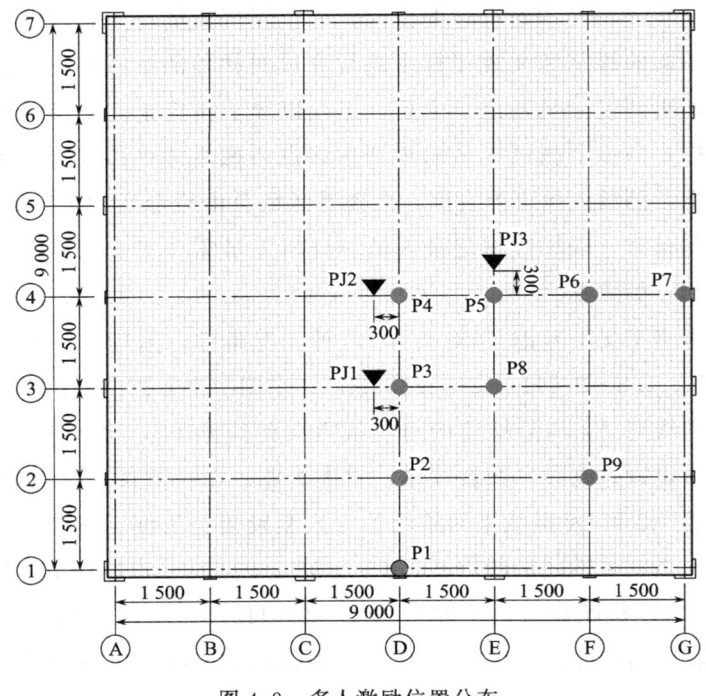

图 4.9 多人激励位置分布

在以上三种活动条件下 9 个测量点上的传感器记录了每种工况下的加速度响应,总共获得了 252 个加速度信号。

4.6 行人荷载作用下的动态试验结果分析

4.6.1 行走情形下的楼盖加速度响应

行走工况是楼盖在日常使用中的多数情形,且工况较为复杂。在研究楼盖在各种人行工况下的竖向响应特征时考虑了行人数量、行走频率、行走路径等不同因素对楼盖竖向加速度的影响。

行走工况下各测点加速度响应峰值如图 4.10 所示。由图 4.10(a)可知，在单人行走条件下，楼盖测点的加速度随着行走频率增大而增大，当行走频率在 2.0Hz 时，即趋近楼盖的一阶自振频率时，楼盖各测点的加速度响应增大显著，楼盖中心的 4 号测点达到最大值。在相同行走频率条件下，分析不同行走路线各测点的加速度响应可知，沿跨中板带行进相比沿对角线行进对各测点加速度响应影响明显，多数测点的加速度峰值增长明显。这是由于跨中板带附近竖向约束较弱，对楼盖的激励作用更为明显；而沿对角线行进时，多数脚步落在叠合板上表面，距离约束性较强的实腹钢梁较近，对楼盖的激励作用相对较弱。

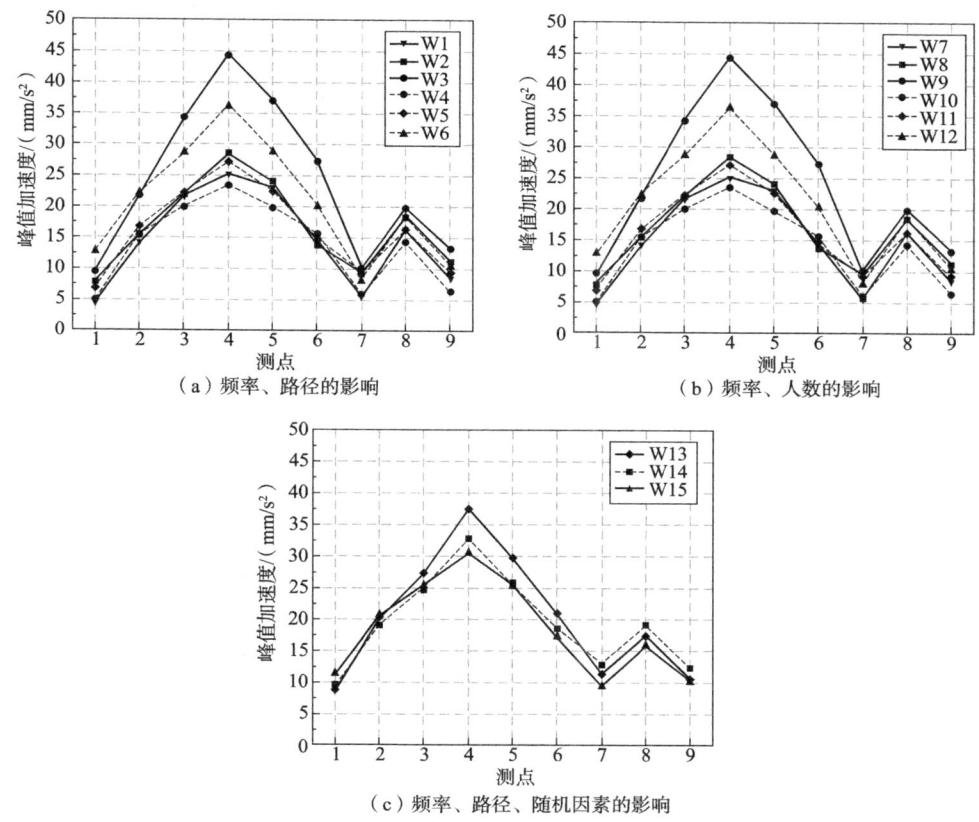

图 4.10 行走工况下各测点的加速度响应峰值

由图 4.10(b)可知，多人按不同的路线以相同频率行走时，楼盖的加速度响应规律与单人行走时的响应规律是相同的，但相比单人行走激励，多人行走工况下楼盖振动响应更为明显。图 4.10(c)所示为三名测试人员沿两条最不利路线及无特定路线行走时楼盖的加速度响应峰值。分析可知，在无频率设定的条件下，各种工况下沿跨中板带行进的激励作用相比沿对角线方向更为明显，跨中测点的加速度峰值更大，而随机路线条件下加速度峰值最小。分析可知，在随机路线和随机频率条件下，多人以异节奏和非特定路线活动使异频率激振源之间的相互干涉作用明显，能显著降低对楼盖的激振作用。因此，该新型楼盖能满足在多人活动条件下的大部分使用场景，其对于多人活动下的加速度响应控制合理。

4.6.2 奔跑情形下的楼盖加速度响应

工况 R1~R7 包含单人和多人以不同频率和路线奔跑的情形，楼盖加速度响应如图 4.11 所示。在同一奔跑路径条件下，奔跑的频率越高，楼盖的加速度响应越大，表明较高的奔跑频率对楼盖的激励作用明显。在沿对角线路径奔跑条件下，奔跑频率为 2.4~3.0Hz 时可获得楼盖的最大加速度响应值，出现在楼盖跨中 4 号测点，响应加速度为 89.33mm/s^2。

4.6.3 跳跃情形下的楼盖加速度响应

为了研究跳跃频率和人数对空腹楼盖振动响应的影响，跳跃活动考虑了六种工况，其中单人活动工况在最不利点 PJ2 处跳跃（图 4.9），频率分别为 1.8Hz、2.4Hz 和 3.0Hz。工况 J1、J2、J3 表示在点 PJ2 处分别以 1.8Hz、2.4Hz 和 3.0Hz 三种不同频率跳跃，而工况 J4、J5、J6 表示在点 PJ1、PJ2、PJ3 处以 1.8Hz、2.4Hz 和 3.0Hz 三种不同频率跳跃。

分析 J1、J2、J3 三种工况可知，单人跳跃工况下更高的跳跃频率能显著增大楼盖的加速度响应，并且距离跳跃点越近的测点其加速度响应值相比较远处的测点要大。由图 4.12 可知，多人跳跃条件下各测点的加速度相比单人定点跳跃大幅度提高，多人以相同频率激励条件下楼盖的加速度响应更为明显。楼盖中心的 4 号测点作为楼盖的中心对称点，离周边支座较远，相比其他测点受到的支座约束较弱，因此在各种跳跃工况下，中心测点的加速度响应值比周边各测点要大，其测量值可作为楼盖的舒适度控制的关键指标。分析 J4~J6 工况可知，在各种同频跳跃工况下，5 号测点的加速度响应偏大，这与该测点附近的 M_3 测试人员的体重较大相关。

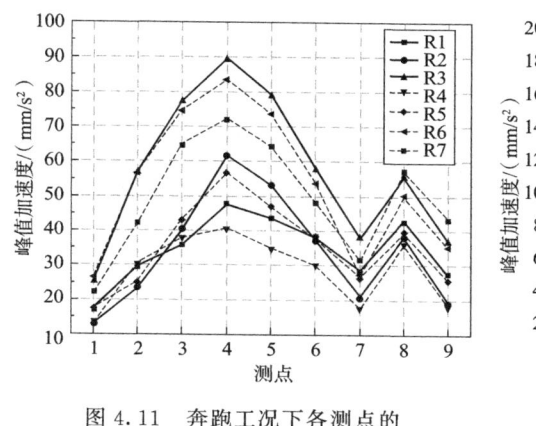
图4.11 奔跑工况下各测点的加速度响应峰值

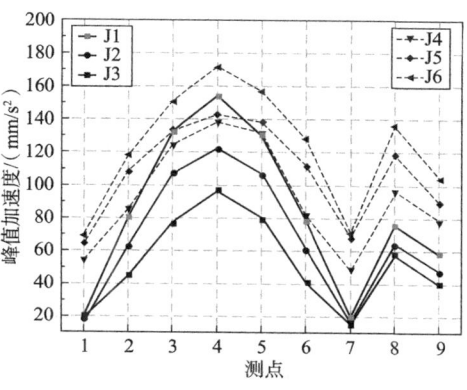
图4.12 跳跃工况下各测点的加速度响应峰值

4.7 行人荷载下的数值分析

4.7.1 激励模型

1. 行走和奔跑荷载激励模型

埃林伍德（Ellingwood）和欧尔森（Ohlsson）基于左、右脚单步落足时程曲线相同的条件，通过确定步幅、步频及重叠时间，对单步落足曲线进行周期性叠加，得到了著名的 M_2 行走曲线，并在后期的研究中被广泛应用[117,118]。《结构设计基础-建筑物和人行道竖向振动条件下的舒适度控制》（ISO 10137：2007）附录 A 中基于3m试验平台给出了单人行走工况下的连续行走曲线，并采用傅里叶级数给出了竖向荷载的函数表达式。由于测量获得的曲线随机性较大，实际工程中应用比较困难。国内学者基于大量的实测数据，在将单步落足时程曲线的相位错开 $T/2$（T 为周期）的条件下规一化，拟合出了光滑的时程曲线 [图4.13(a)]，在进一步将其中的稳态动力分量简化后，提出了线性特征的行走激励时程模型，如图4.13(b)所示。其函数表达式见式（4.33）。根据行走路径的长度、行走的频率及步长可计算出行走的时间。将行走荷载以均布荷载的形式施加在宽度为15cm、长度为35cm的范围内，并随着路径移动。

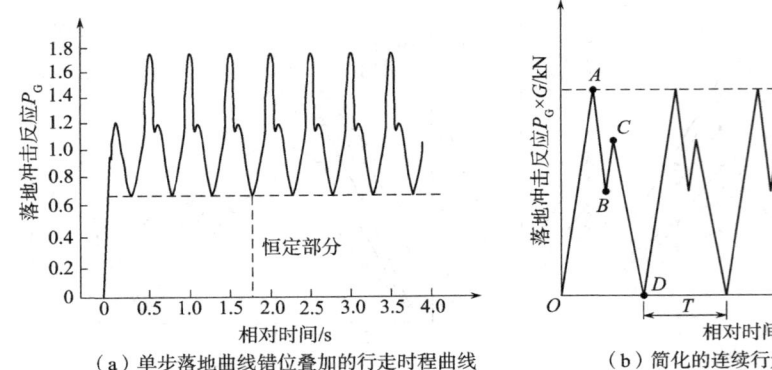

(a) 单步落地曲线错位叠加的行走时程曲线 (b) 简化的连续行走激励时程曲线

图 4.13 连续行走激励工况下的时程曲线

$$\begin{cases} y = \dfrac{115}{47T}t, & 0 \leqslant t < 0.47T \\ y = -\dfrac{7.5}{T}t + 4.675, & 0.47T \leqslant t < 0.55T \\ y = \dfrac{2.5}{T}t - 0.825, & 0.55T \leqslant t < 0.65T \\ y = -\dfrac{16}{7T}t + \dfrac{16}{7}, & 0.65T \leqslant t < T \end{cases} \tag{4.33}$$

单人行走工况下的竖向荷载可通过傅里叶级数表示如下：

$$F_v(t) = G + \sum_{i=1}^{k} G\alpha_{iv} \sin(2\pi i f_p t + \varphi_{iv}) \tag{4.34}$$

式中 α_{iv}——对应于垂直方向的 i 阶谐波的动力因子；

G——试验人员的重力荷载；

f_p——行走或奔跑工况下的频率；

φ_{iv}——垂直方向 i 阶谐波的相位角，v 表示基波谐波的整数倍；

k——感兴趣频率范围内的强迫函数的谐波数。

不同 k 值、频率 f_p 对应的 α_{iv} 的取值可参考文献[88]附录 A1.2.1。

2. 跳跃荷载激励模型

在楼盖为大跨度轻质高强结构的建筑中，如室内体育馆、健身房、表演空间等，跳跃活动出现的概率较大，跳跃对楼盖的冲击作用对楼盖的建筑结构设计提出了更高的要求，尤其在多人同时跳跃的活动工况下，很容易造成楼盖振动幅度加大，使内部人员的舒适感降低甚至感觉不安。

国内外对人体跳跃激励的研究并不多，文献［107］对竖向跳跃进行了测试，借助 100Hz 的传感器采集系统记录了跳跃引起的冲击作用。测试结果表明，人体跳跃形成的激励时程曲线具有很强的规律性，经归一化处理后简化形成有节奏的跳跃时程曲线，如图 4.14(b)所示。图 4.14 中，P_G 为测试人员的体重，a 为跳跃动力系数，T 为激励人员的跳跃周期，b 为落地的持续时间系数。大量实测数据统计表明，当跳跃频率大于 2.4Hz 时，$a=4.0$，$b=0.45$；当跳跃频率 f 小于 2.0Hz 时，$a=3.0$，$b=0.55$。激励时间大于 40s。

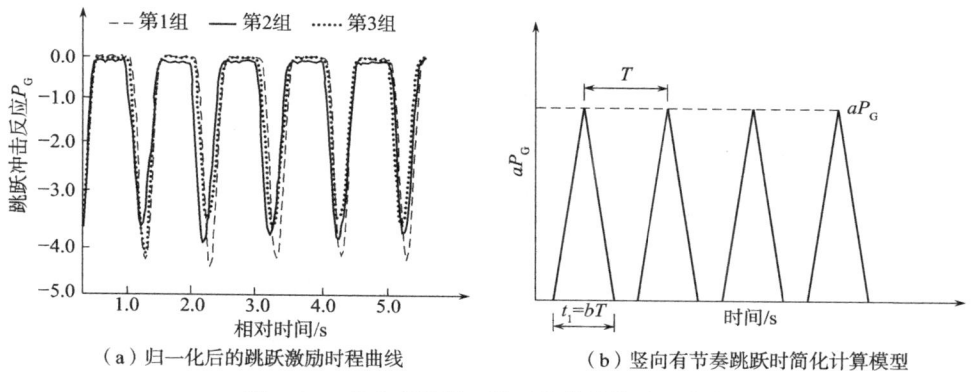

图 4.14 有节奏跳跃工况下简化计算时程曲线

4.7.2 行走工况下的有限元验证

部分行走工况下最不利工况的测试结果与有限元（FEM）模型计算结果如图 4.15 所示。分析可知，在各种工况条件下，各测点的峰值加速度与对应的有限元分析结果一致，吻合度较高，误差较小，各种工况下的加速度响应值误差在 15% 以内。分析表明有限元分析方法对该种楼盖的激励作用响应具有很好的预测作用。

由图 4.15(a～c)可知，在 1.2Hz、1.5Hz、2.0Hz 行走工况下，沿路线 A 行走时最不利点加速度峰值普遍超过沿路线 B 行走的工况，这可能是由于路线 A 沿跨中板带布置，支座对该板带的约束相比柱上板带要弱，因此相同行进频率下，路线 A 对楼盖的激励作用比路线 B 强。部分靠近支座边缘的测点，路线 B 下的加速度响应值要高于路线 A，这可能与激励点和测点的相对位置相关。

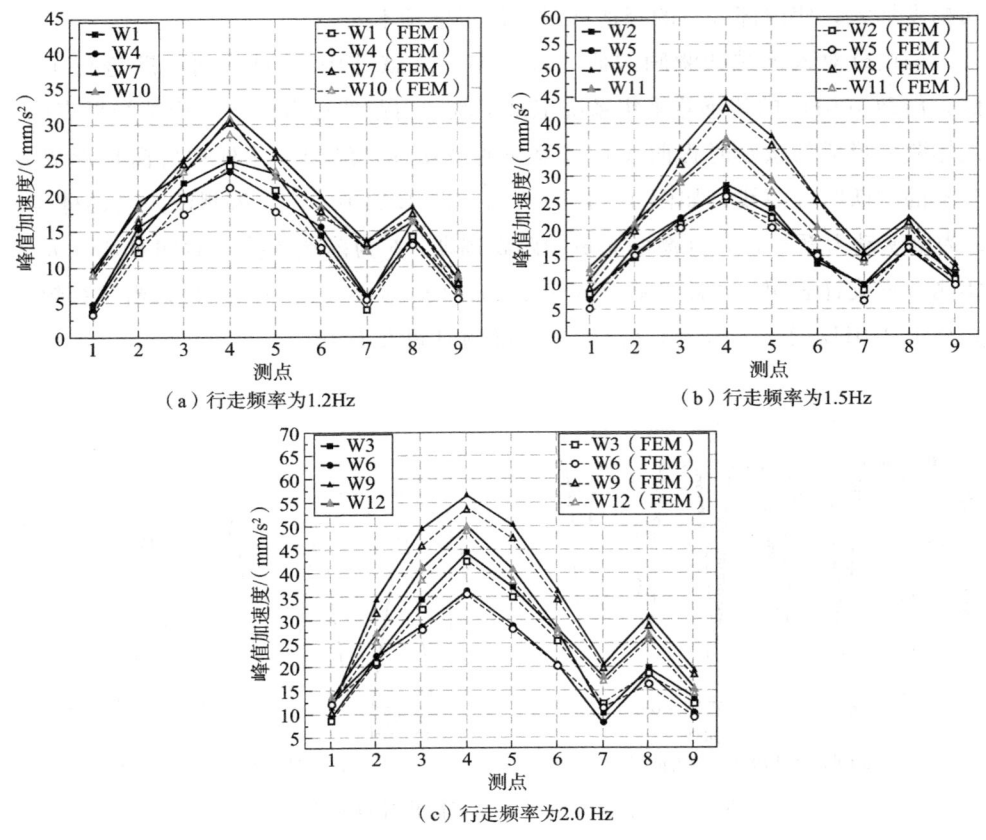

图 4.15 不同频率行走工况下各测点的加速度峰值

4.7.3 奔跑工况下的有限元验证

奔跑工况下的测试结果与有限元（FEM）模型计算结果如图 4.16 所示。分析可知，在各种工况条件下，各测点的加速度峰值与对应的有限元分析结果吻合度较高，误差较小。比较可知，在路线 A 奔跑时跨中测点的加速度峰值比路线 B 时偏大，这和跨中板带周边的约束条件有关。

由图 4.16(a)可知，离奔跑路线较远的 1～3 号测点在低频条件下有限元分析结果比测试结果要小；在高频奔跑条件下，大多数测点的有限元分析结果比测试结果要小。由图 4.16(b)可知，大多数测点测试结果与有限元分析结果吻合度较好，相比有限元分析结果，大部分工况下大部分测点的加速度响应偏大，部分工况如 R4 工况下 7 号测点出现较大偏差。分析可知，有限元模型的叠合板与型钢梁的界面约束条件和柱脚参考点的理想化约束与实测模型的边界条件有部分差异，边界条件对楼盖的刚度产生影响。R4工况下7号测点偏差较大，可能是由于试验中奔跑激励时接近楼盖边缘位置，测试人员急停对落脚点位置较近的7号测点产生较大的冲击力，对测试结果产生了不利影响。

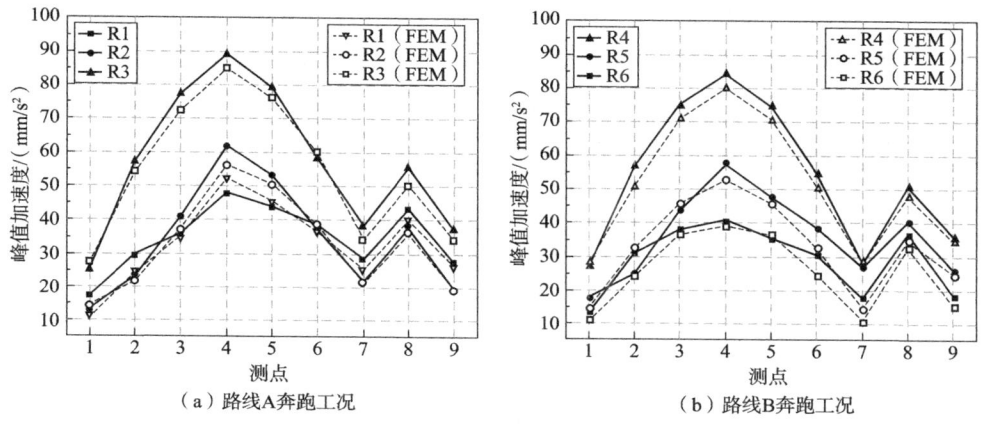

图 4.16 以不同频率和路线奔跑工况下各测点的加速度峰值

4.7.4 跳跃工况下的有限元验证

跳跃工况下的测试结果与有限元（FEM）计算结果如图4.17所示。分析可知，在各种工况条件下，各测点的加速度峰值与对应的有限元分析结果吻合度较高，误差较小，误差在15%以内。

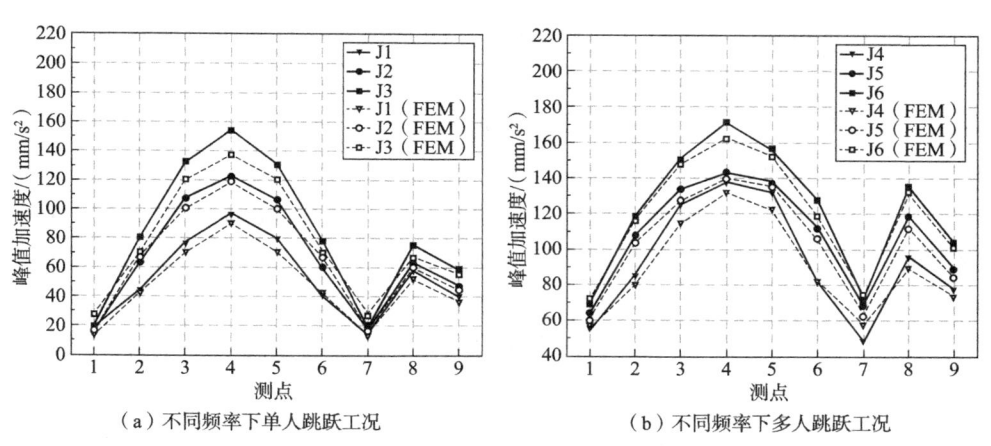

图 4.17 单人和多人跳跃工况下各测点的加速度峰值

在单人跳跃工况（J1～J3）下，由于激振人员位于楼盖中心位置，沿中心对称的 3 号和 7 号测点有限元和测试结果都遵循了相同的规律，即沿中心对称分布的测点的加速度响应峰值接近。这和结构中心对称的几何特征相关，表明结构受力均匀。在多人同频跳跃的工况（J4～J6）下，中心对称测点（3 号和 5 号、2 号和 6 号测点）的有限元分析结果和实测值相差较大，这是由于 PJ1 和 PJ3 号测点的激励人员体重存在差异。PJ3 号测点的 M_3 号测试人员体重比 M_2 大，导致 PJ3 附近的 5 号测点加速度响应偏大。由此可知，激振人员的体重对邻近观测点的加速度响应影响明显，激励源的质量对楼盖的加速度控制产生不利影响。

4.8 楼盖舒适度评价

4.8.1 楼盖舒适度测试

人体活动下的舒适度测试是研究装配式 T 型钢-混凝土组合空腹夹层板楼盖振动性能的重要组成部分。针对新型组合空腹楼盖模型，采用人行激励和定点激励的方式，测试 28 种工况下组合楼盖的竖向加速度时程响应，将实测结果与各主要规范对舒适度的要求进行对比，判定结构的舒适度。

针对舒适度评价，常采用三个评价标准：①基于自振频率的评价标准。考虑到人体活动的激振频率通常为 1～3Hz，而结构的自振频率是其固有特性，通常要求结构的一阶自振频率大于人体活动的激振频率，即通常大于 3Hz。②基于振幅的评价指标。建筑结构一般以低阶振型为主，低阶振型振幅较大，影响人体的主观感受，因此通常采用竖向一阶振型的最大振幅评价舒适度。③基于加速度峰值的评价标准。早期舒适度评价一般采用振幅评价指标，后期基于人体感官，常采用加速度峰值的限值评价结构的舒适度。通常情况下，在早期的楼盖变形设计阶段对于振幅就做了严格控制，在一般人员活动条件下，该种控制指标容易满足。对于振幅较大、频率较低的运动，可以观察到位移，通过控制位移满足控制指标要求。然而，对于高频振动的楼盖，即使位移很小，振动也可能很严重。人类对运动的感知通常与加速度水平和激振的频率有关，而不是位移，这也使得使用加速度传感器测试楼盖的响应更有针对性。楼盖的响应可以定义为对楼盖施加人体活动时产生的加速度。为了测试装配倒置式 T 型钢-混凝土组合空腹楼盖的舒适度性能，特将不同国家和地区关于舒适度的评价标准进行归纳。

4.8.2 楼盖的舒适度评价标准

多年来，关于人体舒适度的评价标准多是在北美和欧洲标准的基础上发展起来的。加拿大标准协会标准CSAS16.1（CSA1989）[119]附录G基于艾伦（Allen）和赖纳（Rainer）等的研究制定了加速度峰值和频率的关系图，以评估住宅、公共建筑因人体活动引起的地板振动，如图4.18所示。该评价标准基于42个大跨度楼盖测试数据，概括了鞋跟落步在楼盖上引起的加速度响应的计算公式。默里（Murray）[120]建议采用临界阻尼百分比控制办公室或住宅环境的楼盖舒适度，其中临界阻尼可通过楼盖的一阶自振频率和鞋跟落步引起的冲击振幅计算，并在1991年提出了评估参数的指导标准[121]。艾伦（Allen）和默里（Murray）提出了步行激励准则、估算楼盖动力特征的方法和楼盖设计方法[122]。其提出的设计方法与先前采用"脚跟着地"的理论计算方法有所不同，所提出的步行激励标准比以前的标准相对复杂，在楼盖设计和评估中具有更好的经济性和广泛的适用性。

国际标准化组织建议加速度限值根据预期占用情况调整（ISO 2631-2：1989）[123]。ISO标准建议在不同使用场景下将均方根加速度限值乘以不同倍数作为限值加速度，办公室的乘数为10，商场及室内人行天桥的乘数为30，室外人行天桥的乘数为100。出于设计目的，加速度限值范围为推荐值的0.8～1.5倍，具体取决于振动的持续时间和频率。图4.19显示了人类感知的频率和加速度振幅之间的关系，如果低于加速度限值，一般人应该不会感知到振动。由此可见，人类对频率范围为4～8Hz的振动最为敏感，该范围内均方根加速度超过5mm/s^{2}时人体的感知将非常明显。这个加速度值被称为人类感知的阈值。美国应用技术委员会（Applied Technology Council，ATC）采用默里（Murray）和艾伦（Allen）通过试验提出的节奏型运动下振动的控制标准，规定了节奏型运动下的舒适度加速度限值控制标准（表4.5），并规定大跨度的商场和楼盖的竖向自振频率不小于8Hz，教学楼、住宅、健身房等最小自振频率不小于5Hz[124]。ATC在《AISC设计指南11：人类活动引起的楼盖振动》中也采用ISO标准曲线控制4～8Hz的楼盖加速度。

欧洲对于楼盖舒适度的控制标准比北美严格。巴赫曼（Bachman）和阿曼恩（Ammann）[125]建议钢-混凝土组合楼盖的一阶自振频率不小于9Hz。北美办公

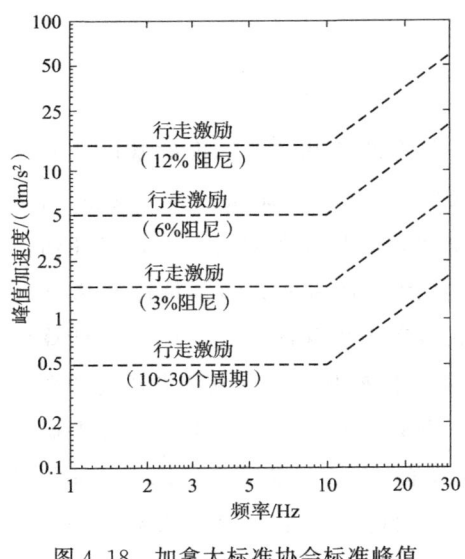

图 4.18　加拿大标准协会标准峰值加速度基准曲线

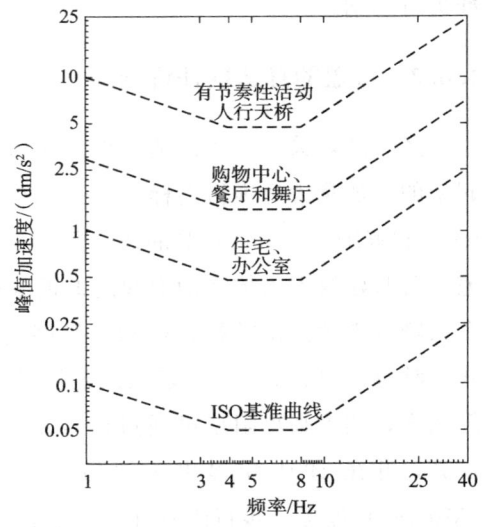

图 4.19　ISO 2631-2：1989 峰值加速度基准曲线

表 4.5　ATC 1999 楼盖舒适度加速度限值

建筑使用功能	楼盖竖向加速度限值/(×g)
餐厅、举重房	0.015～0.025
舞厅、体育馆、健身房	0.04～0.05

楼大多数钢框架楼盖的控制标准为一阶自振频率为 5～9Hz，这一基频要求对于大多数使用场景是可接受的。由于基频与楼盖截面惯性矩的平方根成比例，所以需要消耗更多建材提高截面刚度来满足 9.0Hz 的标准。怀亚特（Wyatt）[126] 提出了行走振动的设计标准，当基本固有频率小于 7Hz 时提出了加速度响应控制指标。对于较高的基本固有频率，他的建议比 AISC 设计指南中的建议更为保守。欧尔森（Ohlsson）[127] 提出了轻型楼板系统的设计标准，他建议，轻型地板系统的设计，基本固有频率不低于 8Hz。BS EN 1991-1-1 在附录 NA.2.1.2 条款中指出：在舞蹈和跳跃等使用条件下容易导致居住者感觉到楼盖结构的振动现象[128]。如果人类活动的激励频率趋近或等同于结构的某一阶固有频率，或者是楼盖自振频率的整数倍，就会发生共振，从而极大地放大楼盖的动态响应。这对于体育馆或者舞蹈教室等使用工况要求较为严格的场所尤其重要。针对这种情况，通常作两方面的考量。一方面，对结构进行设计，使组合楼盖结构的竖向自振频率

大于 8.4Hz，结构的水平频率大于 5Hz。在楼盖设计频率高于以上要求时，由人群激励产生的荷载将低于正常的设计荷载。另一方面，精确地计算人类活动和结构发生共振时作用到结构上的力。通常情况下，轻度有氧运动产生的荷载均在楼盖结构设计考虑的正常负载范围内，但密集人群跳跃或有规律的活动产生的动力荷载可能使得楼盖的加速度响应提高。在欧洲标准 EN1990 中，楼盖的舒适度通常采用加速度的峰值限值即 a_{lim} 来评价，其中罗列了楼盖在水平振动、竖向振动及满布密集型人群荷载下的振动三种形式的加速度峰值的限值标准[129]。

国内标准中对于楼盖舒适度的评价和计算参考了欧美现有的技术规程和设计指南。在《高层建筑混凝土结构技术规程》（JGJ 3—2010）[130] 中，第 3.7.7 条对楼盖的竖向一阶自振频率和加速度限值双重指标提出了要求，对楼盖结构的舒适度进行控制。其中规定，传统的混凝土楼盖和钢-混凝土组合楼盖的竖向自振频率不宜小于 3Hz，避免跳跃工况（如跳舞、跌落）下对周围人群的舒适度产生影响。上述条目对竖向振动加速度以表格的形式作了规定和补充说明，以 2Hz 和 4Hz 为界限提出了对应的加速度限值，中间频率对应的加速度限值采用线性插值法选取（表 4.6）。表 4.6 参考了 ISO 2631-2：1989 的有关规定。《混凝土结构设计标准》（GB/T 50010—2010）（2024 年版）中规定大跨度楼盖基频不小于 3.0Hz，由 4.3.3 节中试验测得楼盖的一阶竖向自振频率为 7.3Hz，远超标准中对于基频的最低要求，同时满足住宅（5Hz）和办公楼（4Hz）使用频率的最低要求。

表 4.6 《高层建筑混凝土结构技术规程》（JGJ 3—2010）中楼盖竖向振动加速度限值

活动场景	楼盖峰值加速度限值/(m/s²)	
	竖向自振频率 $f \leqslant 2Hz$	竖向自振频率 $f \geqslant 4Hz$
住宅和办公楼	0.07	0.05
商场及室内连廊	0.22	0.15

分析不同国家和地区对于舒适度的评价指标可知，在满足最低基频要求的条件下，其评价标准都是以人致激励下的加速度峰值作为限值。因此，测试本书中的新型楼盖在各种人类活动下的加速度峰值，对于判断楼盖的使用场景具有重要作用。为了评估新型组合楼盖的振动适用性，采用了不同国家和地区的标准对楼盖舒适度进行评估，其中包括《高层建筑混凝土结构技术规程》（JGJ

3—2010)、《AISC 设计指南 11：人类活动引起的楼盖振动》和《结构设计基础-建筑物和人行道竖向振动条件下的舒适度控制》（ISO 10137：2007）中关于频率及对应的加速度峰值的限值。

4.8.3 舒适度评价结果

1. 《混凝土结构设计规范》（GB 50010—2010）&《高层建筑混凝土结构技术规程》（JGJ 3—2010）

楼盖的一阶自振频率为 7.3Hz，高于《混凝土结构设计规范》（GB 50010—2010）中大跨度楼盖基频不小于 3Hz 的限值，同时满足住宅（5Hz）和办公楼（4Hz）使用频率的最低要求。

根据《高层建筑混凝土结构技术规程》（JGJ 3—2010）中表 3.7.7 的要求，当楼盖一阶频率高于 4Hz 时，绘制人行活动激励的 28 种工况下各测点的加速度峰值与规范限值要求曲线，如图 4.20 所示。分析可知，在大多数人类活动工况条件下，空腹楼盖加速度响应值均满足规范限值的要求。在多人奔跑和多人跳跃的工况下，振动响应加速度峰值高于楼盖加速度限值 50mm/s^2，但仍小于 150m/s^2；单人高频跳跃和多人高频跳跃（J3 和 J6）两种极端工况下跨中测点加速度超过限值。这表明该种楼盖在商场和室内连廊使用场景下具有良好的适应性，而在住宅更为严格的加速度限值条件下，某些极端人为激励，如多人跳跃可能会超过规范要求，使人感到不适。实测试验模型中空腹楼盖周边缺少墙体，且未考虑建筑内部实际存在的隔墙和家具的作用。在实际使用条件下，楼盖的质量会增加，楼盖在各种工况下的竖向加速度值会减小，因此楼盖是可以满足规范对于住宅舒适度的要求的。

2. 《AISC 设计指南 11：人类活动引起的楼盖振动》

《AISC 设计指南 11：人类活动引起的楼盖振动》讨论了由一般步行激励、跳跃和舞蹈等节奏激励引起的组合楼盖系统和人行天桥的振动响应。对于这两种人致振动，采用限制峰值加速度的方法，并表示为 ISO 2631-2：1989 中的基本曲线，具有适合峰值加速度值的不同倍增因子。图 4.21 中显示了所有情况下测得的振动响应与美国钢结构协会要求的极限曲线，其中纵坐标表示峰值加速度，而横坐标表示组合空腹楼盖的基频。为了区分不同工况下的测试结果，避免不同工况的加速度峰值在水平方向上产生重叠,将不同情况的横坐标稍微移动到楼盖固有频率 7.3Hz 的两侧,此时可根据各种使用场景下的水平限值评估楼盖在各种工况下的舒适度。

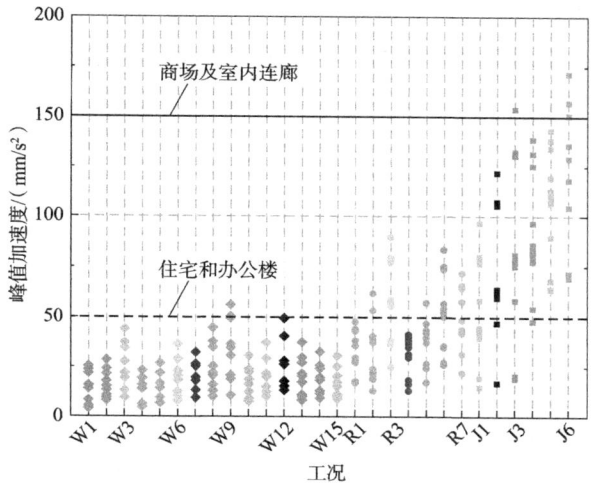

图 4.20　根据《高层建筑混凝土结构技术规程》(JGJ 3—2010)和《混凝土结构设计规范》(GB 50010—2010)对楼盖竖向振动加速度的评价

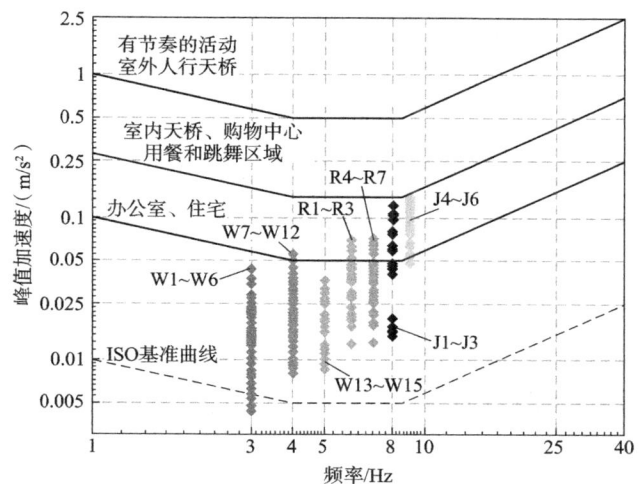

图 4.21　根据《AISC 设计指南 11：人类活动引起的楼盖振动》对楼盖竖向振动加速度的评价

考虑到在购物中心、办公室和住宅中以 3Hz 持续跳跃和奔跑等情况可能不会持续很长时间,将奔跑工况 R3(2.4～3.0Hz)、R6(2.4～3.0Hz)和跳跃工况 J3(3.0Hz)、J6(3.0Hz)中的峰值加速度乘以 0.8 的系数,作相应的峰值折减。由图 4.21 可知,各种工况下加速度峰值均小于 150mm/s^2,因此楼盖满足商场和室内连廊的使用要求;而在居住和办公条件下,大部分行走工况能满足使用要求,在奔跑和跳跃的恶劣工况下峰值加速度均超过 50mm/s^2,无法满足这两种活动情形下的使用要求。然而,考虑到组合楼盖周边实际存在墙体的边界约束,以及室内隔墙和家具的配重和阻尼作用,实际持续工况下楼盖的加速度响应会显著降低,因此需要进一步验证楼盖在使用场景下的舒适度状况。在 28 种工况中,引起楼盖加速度响应明显增大的主要工况是多人跳跃和跑动、单人高频跳跃,因此其针对舞厅等使用场景是难以满足使用要求的。针对住宅和办公场景,三人同时在最不利点以相同节拍连续跳跃的概率极小,而高频持续跳动和多人奔跑(R7/J5/J6)的工况下测量的楼盖加速度偏大,难以满足实际使用场景要求,因此采用经济模式设计的组合楼盖在办公和居住场景中使用更加合适。

3. ISO 10137:2007

国际标准 ISO 2631-1:1997 采用均方根加速度(RMS)[123] 的方法比较了不同人行活动激励条件下悬挂地板的人致振动响应,该方法的表达式为

$$a_{w,RMS} = \left[\frac{1}{T}\int_0^T a_w^2(t)dt\right]^{\frac{1}{2}}$$

式中　$a_w(t)$——频率加权加速度,mm/s^2;

　　　T——不同激励工况下振动的持续时间,s;

　　　$a_{w,RMS}$——均方根加速度,mm/s^2。

由于人们对不同振动频率的容忍度不同,国际标准化组织建议对记录的加速度时程采用频率加权法进行处理。如图 4.22 所示,ISO 2631-1:1997 中规定的加权因子与振动频率加权曲线用于对记录的竖向加速度响应进行加权计算。由于人们对 4～12Hz 的垂直加速度响应的容忍度较低,所以与该频率区间相对应的加权因子 W_k 值较高。将每种工况下各测点的振动信号的峰值加速度与计算获得的均方根加速度相除,即获得波峰因数 C_f。分析可知,所测得的 252 个信号的大多数波峰因数 C_f 低于 6,而规范中规定当 C_f 高于 6 时峰值加速度对楼盖振动舒适度影响加大,均方根加速度用于楼盖振动舒适度评估的适用性较差,

表明该种楼盖可采用均方根加速度评价舒适度。

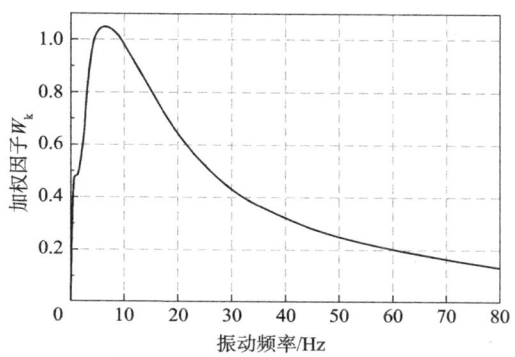

图 4.22　加权因子 W_k 与振动频率 f 加权曲线

ISO 10137：2007 附录 C 中对于楼盖舒适度标准做了明确规定。为限制 RMS 峰值，其采取的方法是，在基准加速度曲线的基础上，根据楼盖的结构功能、振动持续时间和振动属性（脉冲或连续）确定不同倍增因子的基线曲线。此处考虑实际使用条件下人致激励振动在一天内持续时间超过 30min 的严格测试场景，因此部分工况下的 RMS 指标存在超标的可能。基于基准曲线的倍增因子在不同的使用场景下可定义为：住宅 2 倍，办公楼或学校 4 倍，工厂 8 倍。将不同激励工况下的加速度时程曲线积分处理后获得 RMS 峰值。根据 ISO 10137：2007 绘制的加速度峰值限值曲线如图 4.23 所示。

分析表明，在 W1、W4、W7、W10（1.2Hz）和 W2、W5、W8、W11（1.5Hz）工况下的 RMS 基本能满足住宅对加速度均方根值的要求，中低频行走工况下，单一行人步行激励和多人行走条件下新型组合楼盖表现出良好的振动适应性，而在多人高频行走工况下（W9、W12）楼盖的加速度响应超过住宅条件下的限值，对楼盖产生不利影响。在振动响应更大的中低频奔跑工况（R1、R4、R2、R5）下，大部分 RMS 满足办公楼和学校的振动限值的要求，然而在高频奔跑工况（R3、R6）和多人及单人低频跳跃工况（J1、J4）下，RMS 峰值无法满足工厂使用场景下的舒适度要求。此外，在 J2、J5、J3、J6 工况下，部分最不利点的 RMS 超过了工厂使用条件下的限值。分析可知，影响加速度响应的多人高频同步行走（W9、W12）、多人高频同步跑动（R3、R6）、多人最不利点高频同时跳跃（J3、J6）六种工况下测得的最不利点的振动响应可能偏高。

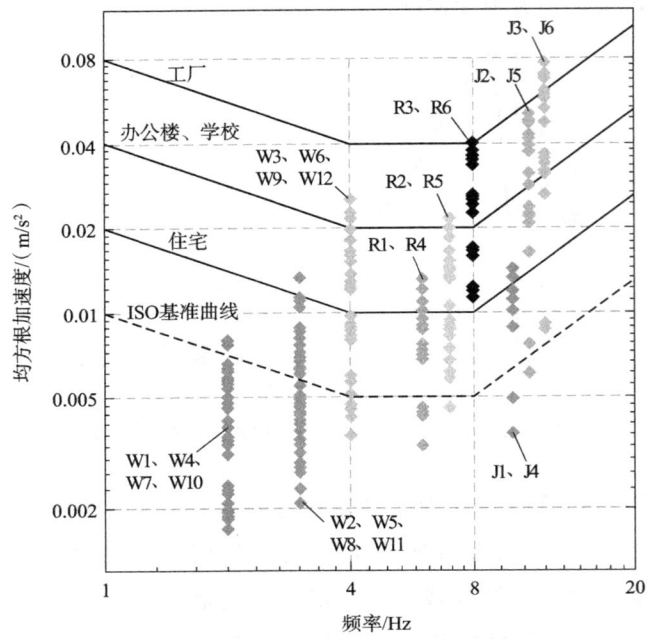

图 4.23 根据 ISO 10137：2007 对楼盖竖向振动加速度的评价

4.9 小　　结

本章对 9m×9m 单跨装配式 T 型钢-混凝土组合空腹楼盖模型进行了现场测试，以研究新型组合楼盖的振动舒适性。通过测试，获得了组合楼盖的振型和自振频率等动力特性。对人致激励工况下楼盖的加速度响应进行了测试，获得了各测点的峰值加速度。建立了有限元模型，对楼盖的动力特征和各种工况下的加速度峰值进行了验证。利用包括《混凝土结构设计规范》（GB 50010—2010）、《高层建筑混凝土结构技术规程》（JGJ 3—2010）、AISC 设计指南 11、ISO 10137：2017 等在内的规范和指南评估了人为激励条件下新型组合楼盖的振动舒适性。基于测试结果和有限元分析结果，可以得出以下结论：

1）楼盖竖向一阶振动频率下的现场测试结果与有限元分析结果均满足规范基频不小于 3Hz 的要求。

2）装配式 T 型钢-混凝土组合空腹夹层板楼盖结构具有较好的抗侧刚度和竖向抗弯刚度，其中扭转模态出现在第四阶模态，表明其刚度分布较为均匀。

从整体上看，第一阶模态自振频率实测结果和有限元结果均较大，在低阶次中频率跳跃幅度较大，表明结构刚度储备较好；在高阶模态上，模态振型和频率比较密集，相邻阶模态形态不同但振动频率仍较为接近，表明新型组合楼盖属于高阶模态密集型结构。

3）楼盖的振动响应加速度随三种活动情形下激励频率的增大而增大，但不是线性的，激励频率越接近楼盖的自振频率，其相应的加速度越明显。行人数量越多，在同种频率下，相比单人同频率激励，整个楼盖的振动响应越大。

4）根据在 28 种工况下人致激励的现场测试，获得人的活动对楼盖振动性能的影响，可知各种工况下楼盖的最大加速度峰值均出现在楼盖中心的 4 号测点位置。测点越靠近周边支座，加速度响应越小；越靠近跨中和远离实腹梁，加速度响应越小。分析可知，跨中板带受周边柱网的约束较小，相比柱上板带刚度较低，会导致整个楼盖的不利振动。此外，局部位置的振动响应取决于局部竖向振动约束，竖向振动约束越小的位置振动响应越大。

5）根据 AISC 设计指南 11、ISO 10137：2007 和《高层建筑混凝土结构技术规程》（JGJ 3—2010）中的规定，在没有极端激励的工况下，新型楼盖结构满足住宅和公共场所正常使用要求。部分极端工况不满足规范和设计指南的要求，这是因为未考虑非结构部件，如沿周边的外墙和隔墙对楼盖的约束作用。隔板可以改变楼盖的刚度和质量，并改变楼盖的振动。此外，家具和居住者会使楼盖的振动阻尼增大。因此，实测楼盖部分工况下的加速度峰值会比实际使用条件偏高，高估了较少发生的激励的影响。

6）根据国内外四种标准的评估可知，组合楼盖的舒适度在大多数人类活动工况下均能满足规范对于舒适度控制的要求，具有良好的适应性。然而，在部分极端人类活动工况下，楼盖的加速度响应超过规范限值。因此，在楼盖设计过程中需进一步增大楼盖质量或刚度，从而减小楼盖的加速度响应，达到使用场景的舒适度要求。

综合上述，通过对新型组合楼盖的动力特性进行现场测试和有限元分析，结果表明新型组合楼盖的结构刚度好，安全储备大，满足各种工况下对舒适度的要求。

第5章 装配式倒置T型钢-混凝土组合空腹夹层板盒式结构与钢框架结构对比分析

5.1 引言

将装配式倒置T型钢-混凝土组合空腹夹层板楼盖（ITSOF）与传统盒式结构中的网格式墙架重新组合，形成一种新的钢网格盒式结构。这种盒式结构可以在规划控制标高范围内通过降低楼盖厚度达到减小层高、增加层数的目的。另外，这种结构装配率更高，可减少现场作业量，节约成本，是一种环保、高效、节能的建筑结构形式。为促进这种结构的工程应用，有必要对其在高层建筑中应用的可行性和前景进行分析和研究。

5.2 装配式倒置T型钢-混凝土组合空腹夹层板盒式结构拟建工程实践

5.2.1 工程简介

拟建工程项目为某房地产公司开发的小高层钢结构住宅项目，项目位于山东文登南海开发区。该项目地上10层，标准层层高为3.150m，室内外高差为0.3m，建筑高度为34.80m，建筑平面布局为一梯三户"品"字形布局。原结构方案采用的是钢框架支撑结构，采用异形方钢管柱、H型钢梁，钢柱及钢梁均采用Q345型钢，混凝土板厚100mm，采用标号为C30的混凝土，基础采用预应力管桩承台基础，设计使用年限为50年。其标准层结构平面布置如图5.1所示。根据当地抗震设防条件及地质勘察报告可知，该结构抗震设防烈度为7度，

第5章 装配式倒置 T 型钢-混凝土组合空腹夹层板盒式结构与钢框架结构对比分析

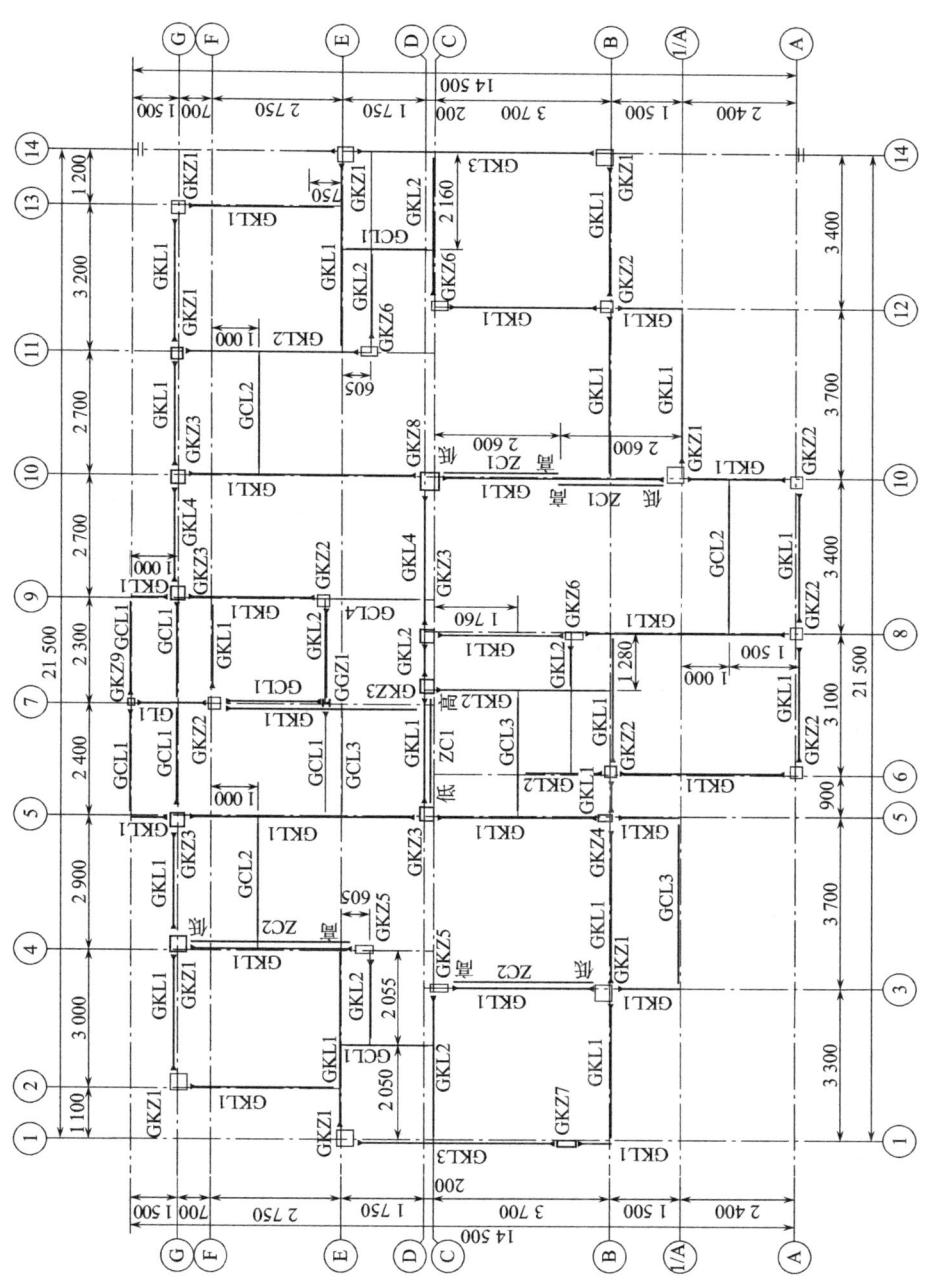

图 5.1 钢框架结构标准层平面布置

设计地震分组为第一组,建筑场地类别为二类,设计基本地震加速度为 $0.10g$,钢框架抗震等级为二级。基本设计荷载条件见表 5.1。

表 5.1 组合楼盖荷载设计取值　　　　　　　　单位:kN/m^2

活荷载	一般楼面	2.0	电梯机房、设备用房	7.0
	阳台	2.5	不上人屋面	0.5
	卫生间	2.5	上人屋面	2.0
	疏散楼梯、门厅	3.5	—	—
风荷载	基本风压 $W_0=0.65kN/m^2$,地面粗糙度类别为 B 类			
雪荷载	基本雪压 $S_0=0.50kN/m^2$			

分析原结构施工图可知,存在以下问题需要解决:

1) 梁柱截面类型多达二十几种。该结构虽然经济性较好,但梁柱截面类型过多,尤其是转角位置后期替换为双向矩形管组成的 L 型截面,加工和施工难度均较大,会导致施工费用增加、工期延长。

2) 中间户型存在采光和通风问题。采用内收平面,较小的窗户使得厨房和卫生间采光和通风较差,也导致中间一户很难做到两个卧室的采光和通风布局,单卧室户型做出两个较大的内置封闭阳台不利于空间的充分利用。

3) 单个户型在平面上的布局不规整,对于使用有一定影响。

为推进新型楼盖结构在此项目中的推广和应用,为建设单位创造更好的经济效益,将原结构设计方案在楼梯间作局部调整,补齐平面左右上侧角部的平面;在电梯和楼梯两侧引入通风和采光通道,满足中间户型采光要求,形成如图 5.2 所示的改进型建筑平面。对比原框架结构模型与新型装配式楼盖结构模型的力学性能指标,分析该种新型结构的合理性、安全性及经济性。

将装配式倒置 T 型钢-混凝土组合空腹夹层板楼盖按 A7 栋一单元建筑平面进行结构方案布置,设计验算后形成的结构平面如图 5.3 所示。通过整体布局,将装配式楼盖的网格大小控制在 $1\,800mm\times1\,800mm$,楼盖在"品"字形的三个区域均接近方形,因此采用正交正方的网格布局,便于钢结构的预制和施工。

第 5 章 装配式倒置 T 型钢-混凝土组合空腹夹层板盒式结构与钢框架结构对比分析

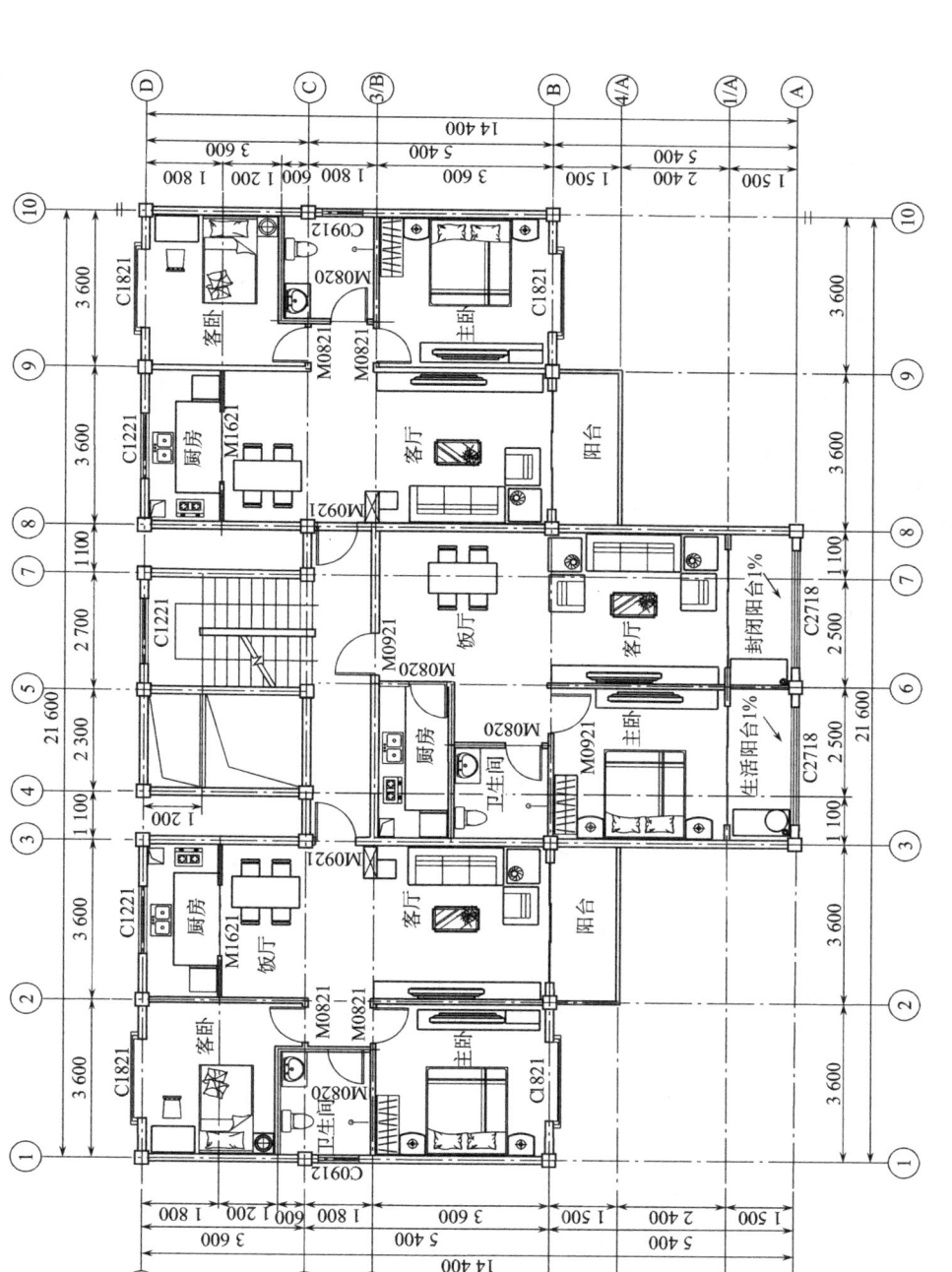

图 5.2 新型装配式楼盖结构 A7 栋一单元标准层平面布置

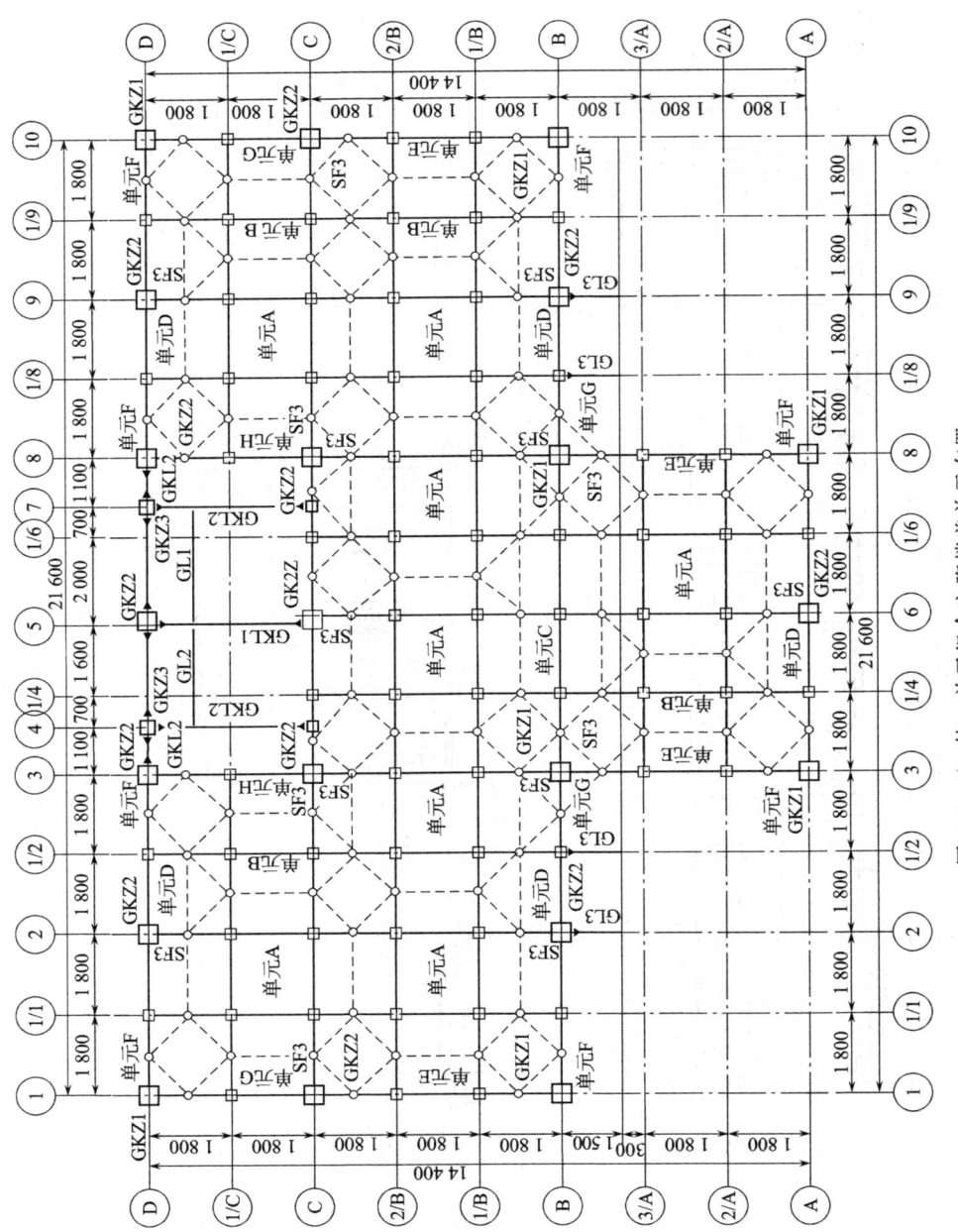

图 5.3 A7 栋一单元组合空腹楼盖单元布置

5.2.2 装配式钢空腹组合楼盖等刚度折算原理

装配式组合空腹楼盖的空间受力特征明显，采用传统建筑结构设计软件无法直接建立模型对其内力做出准确的分析，需以等刚度折算的形式，将组合空腹梁转化为工字钢实腹梁，确定其抗弯刚度。其抗剪刚度可在边缘网格处单独考虑。

与混凝土结构类似，组合空腹梁与混凝土叠合板之间同样存在剪力滞后效应，目前各国有效工作宽度的计算方法不尽相同。美国钢结构协会颁布的《钢结构建筑荷载及抗力系数设计规范》（AISC-LRFD，1999）规定混凝土翼缘板的有效宽度取钢梁托板宽度和两侧的有效宽度之和，其中一侧的混凝土板有效宽度取以下三者中的最小值：相邻组合梁之间距离的1/2；组合梁跨度的1/8，其中梁跨度取制作中线之间的距离；钢梁到混凝土翼缘边缘的距离[131]。欧洲EC4规定，当采用弹性设计方法对组合梁进行整体分析时，每一跨的有效宽度可以采用定值：对于简支边跨和中间跨，可采用式（5.1）计算其有效宽度；对于悬臂部分，可以采用式（5.2）和式（5.3）计算（图5.4）。

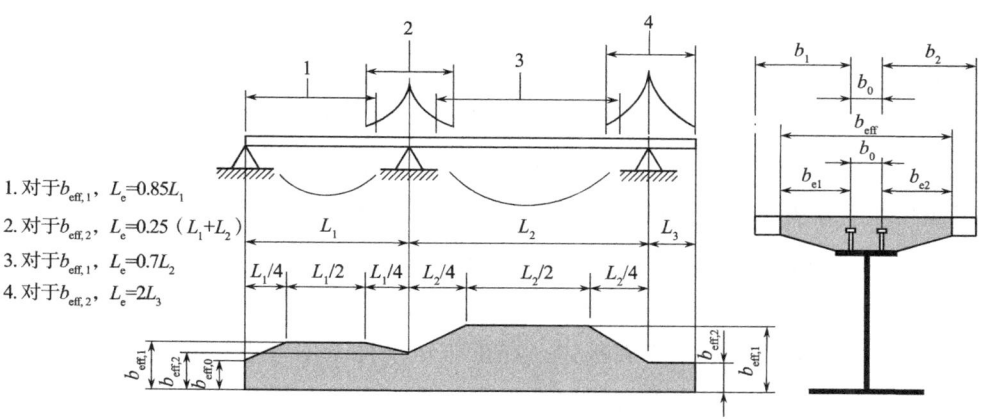

图 5.4 混凝土翼缘板的等效跨径及有效宽度（EC4）

1）中间跨和中间支座有效宽度为

$$b_{\text{eff},1} = b_0 + \sum b_{ei} \tag{5.1}$$

式中 b_0——同一截面最外侧抗剪连接件间的横向间距；

b_{ei}——钢梁腹板一侧的混凝土翼缘有效宽度，取 $L_e/8$，且不超过板带实际宽度 b_i。

b_i 应取为最外侧抗剪连接件至两根钢梁中线的距离,对于自由端则取混凝土悬臂板的长度。L_e 为反弯点间的近似长度。对于典型的连续组合梁,应根据控制设计的弯矩包络图确定 L_e。

2) 中间支座、悬挑支座及简支端部支座处有效宽度按下式计算:

$$b_{\text{eff},2(0)} = b_0 + \sum \beta_i b_{ei} \tag{5.2}$$

$$\beta_i = (0.55 + 0.025 L_e / b_{ei}) \leqslant 1.0 \tag{5.3}$$

美国国家公路与运输协会(AASHTO)制定的公路桥梁设计规范中,混凝土翼缘板有效翼缘宽度 b_e 取小于等于 1/4 的跨度及 12 倍的最小板厚[132]。对于边梁,外侧部分的有效宽度不应超过其实际悬挑长度。如果边梁仅一侧有混凝土板,则有效宽度应等于或小于跨度的 $L/12$ 及 6 倍的最小板厚。

英国桥梁规范(BS 5400)[133] 中第五部分基于试验测试和有限元分析结果,通过表格的形式列出了不同宽跨比下的组合梁混凝土翼缘板有效宽度。

对于组合梁有效翼缘宽度,国内基于多年大量组合板的试验结果,借鉴欧洲 EC4 的规定,参考《混凝土结构设计规范》(GB 50010)的相关规定,形成了新的设计方法。

分析可知,欧洲规范和《钢结构设计标准》(GB 50017—2017)关于有效翼缘宽度的计算方法概念更为明确,其将连续组合梁和简支组合梁两种不同边界条件下的计算方法统一起来,摒弃了《混凝土结构设计规范》中混凝土板有效宽度与混凝土板厚的相关规定,适用范围更广。根据翼缘宽度的设计准则,采用弹性理论方法,确定空腹组合梁各种工作条件下的组合刚度。

在楼盖正弯矩区,如图 5.5 所示,根据以上规范的计算结果,参考《钢结构设计标准》(GB 50017—2017)中第 14.1.2 条折减后确定翼缘工作宽度为 425mm。由于组合空腹梁中性轴位于腹板内,在正弯矩条件下不考虑混凝土预制板的组合作用,只考虑表层现浇叠合层组合作用,将表层叠合层通过弹性模量换算成与型钢材质相同的钢板,钢板厚度同表层叠合层的厚度,等刚度折算成实腹工字钢。

在负弯矩区组合空腹梁段和实腹梁段,不考虑预制板和叠合层的作用,只考虑表层负筋参与组合空腹梁的刚度贡献,由《钢结构设计标准》(GB 50017—2017)计算获得负弯矩区参与刚度贡献的受拉宽度为 350mm。等刚度折算时需遵循翼缘内钢筋折算成翼缘钢板时其形心同钢筋形心,厚度同钢筋直径的原则。其折算示意图如图 5.6 和图 5.7 所示。

第 5 章　装配式倒置 T 型钢-混凝土组合空腹夹层板盒式结构与钢框架结构对比分析

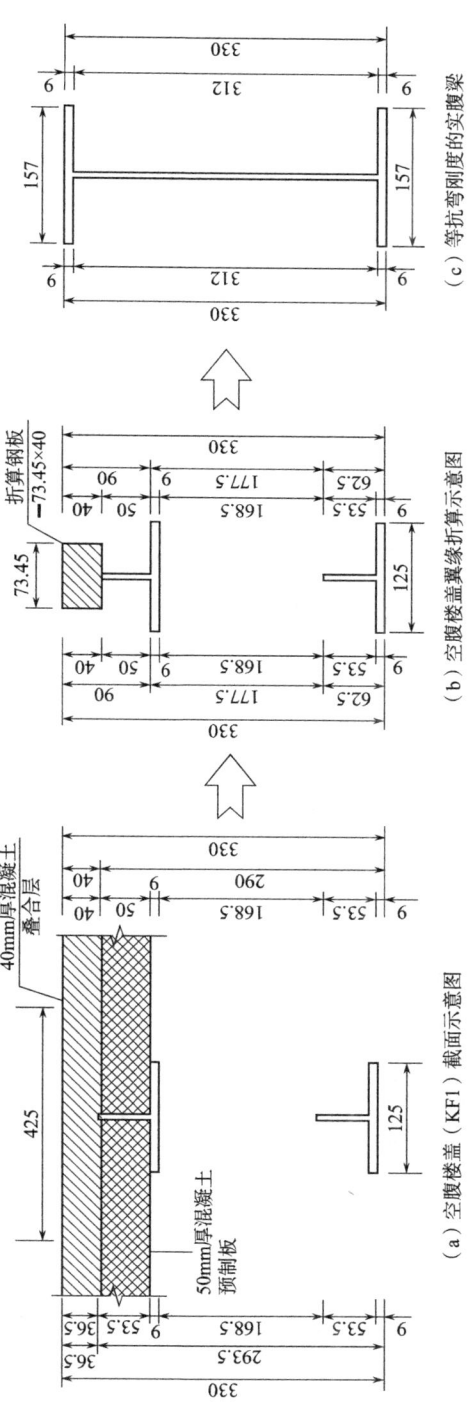

图 5.5　正弯矩区组合空腹梁等刚度折算示意图

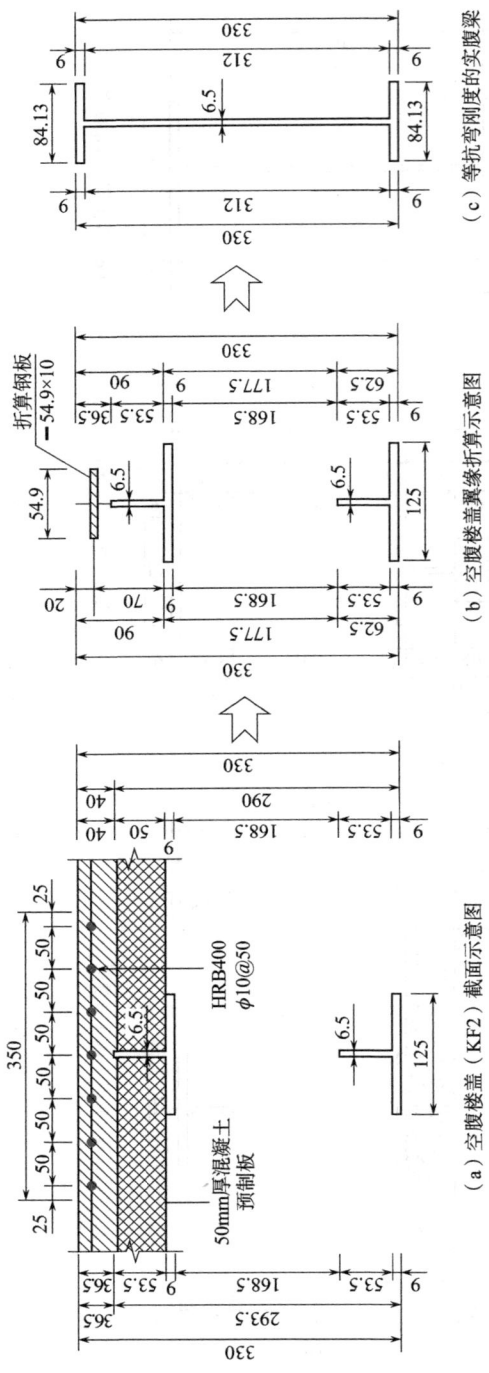

图 5.6 负弯矩区组合空腹梁等刚度折算示意图

第5章 装配式倒置T型钢-混凝土组合空腹夹层板盒式结构与钢框架结构对比分析

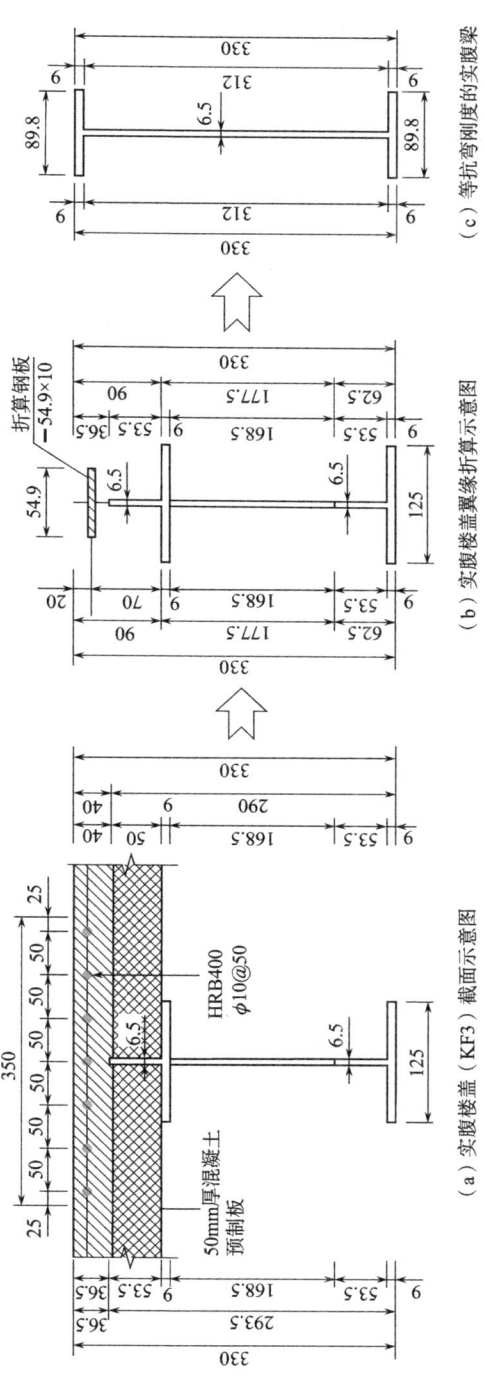

图 5.7 负弯矩区组合实腹梁等刚度折算示意图

对折算获得的等刚度工字钢建立结构模型,可以获得空腹组合梁的等效弯矩包络图,用于结构设计工作。

5.2.3 空腹夹层板计算方法分析

《装配式空腹楼盖钢网格盒式结构技术规程》(DBJ 43/T 351—2019)[74]针对空腹夹层板楼盖结构提出了三种计算方法:

1) 空间有限元法。水平荷载作用下的结构计算可采用楼盖平面无限刚性假定;结构承载力计算时,钢空腹夹层板宜视为弹性楼盖,建模时需考虑钢空腹夹层板与混凝土板之间的组合连接,考虑楼板的刚度贡献。

2) 等刚度折算方法,即钢空腹夹层板可按抗弯刚度相等的原则折算为实腹梁,再进行装配式空间钢网格盒式结构的整体计算。等代实腹梁与空腹梁的自重差在建模时采用附件恒载扣除;将等代分析得到的剪力和弯矩结果反算到自然构件的内力时,须考虑节点域、剪切刚度及局部弯矩对单个构件应力的影响。

3) 拟夹层板方法,具体见本书第 2 章。

考虑到结构模型的复杂性,对于内嵌式抗剪连接的组合上肋,因存在大量复杂接触面,空间有限元模型很难得到准确的计算结果;在应用中,有限元模型面临计算单元数量较多、计算周期较长、收敛性难以满足等问题,难以满足实际应用需求;采用拟夹层板法计算该种结构时,在复杂的边界条件下面临着求解困难,也难以实现精确求解。规范中采用的等刚度折算分析方法是一种简便高效的求解方法。该方法通过对组合空腹梁进行等刚度折算,求得其截面惯性矩,换算成同材质的工字钢,参与建模计算,获得内力包络图,通过内力包络图完成局部构件的截面设计。本章采用等刚度折算方法建立组合空腹楼盖的盒式结构模型,将计算所得的结构整体指标与原钢框架设计方案指标进行对比分析,验证新型组合空腹夹层板楼盖结构设计的合理性。

5.3 多遇地震下的计算结果对比分析

5.3.1 周期比

周期比是检验高层建筑在平面内的刚度分布是否合理,控制高层建筑扭转效应的主要指标。原钢框架结构在隔墙位置设置柱间支撑以改变"品"字形平面刚度分布不均匀的情况，较多的中柱一定程度上能够提高"品"字形布局的扭转刚度；而新型钢网格盒式结构户型内部不存在中柱，需通过设置网格式墙架提高结构侧向刚度和扭转刚度。表 5.2 中为两种方案自振周期对比数据。

表 5.2 两种方案自振周期对比

振型	钢框架结构			新型钢网格盒式结构		
	周期/s	平动系数（x 向、y 向）	周期比	周期/s	平动系数（x 向、y 向）	周期比
一阶	2.372	0.95 (0.05+0.95)	0.84	2.141	1.0 (0.0+1.0)	0.79
二阶	2.297	0.88 (0.88+0.12)		2.087	0.97 (0.97+0.0)	
三阶	1.988	0.17 (0.17+0.0)	—	1.687	0.23 (0.23+0.0)	—

通过对比分析可知，传统钢框架结构振动周期大于新型钢网格盒式结构；两种结构的前两阶振型均为 y 向平动和 x 向平动，第三振型为扭转。其中，框架结构的扭转周期与第一平动周期之比为 0.84，新型钢网格盒式结构的扭转周期与第一平动周期的比值为 0.79，两种结构的周期比均满足《高层建筑混凝土结构技术规程》（JGJ 3—2010）中第 3.4.5 条 A 类建筑中第一扭转周期与第一平动周期比值不大于 0.9 的规定。分析可知，采用周边网格式墙架的结构方案比框架结构方案对于楼层的抗扭刚度提升作用明显。新型钢网格盒式结构自振周期较短，其侧向刚度要优于钢框架结构。

5.3.2 结构位移特征

考虑偶然偏心的作用，由图 5.8 和图 5.9 可知钢框架结构和新型钢网格盒式结构最大层间位移比均小于《建筑抗震设计规范》（GB 50011—2010）中 1.5 的限值，说明两种结构在改变周边柱的截面尺寸的基础上通过调整，避免了过大的偏心导致结构出现较大的扭转效应。图 5.10 和图 5.11 为两种方案的最大层间位移角，分析可知，两种结构在 x、y 方向的最大层间位移角均满足《高层建筑混凝土结构技术规程》（JGJ 3—2010）中 1/250 的限值；新型钢网格盒式结构层间位移角小于普通钢框架结构，表明在周边网格墙的作用下，新型钢网格盒式结构的整体抗侧刚度大于普通钢框架结构。

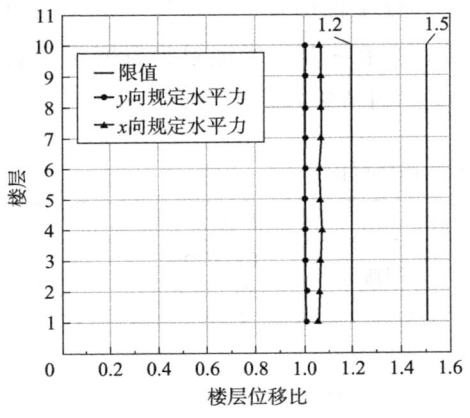

图 5.8 新型钢网格盒式结构楼层位移比

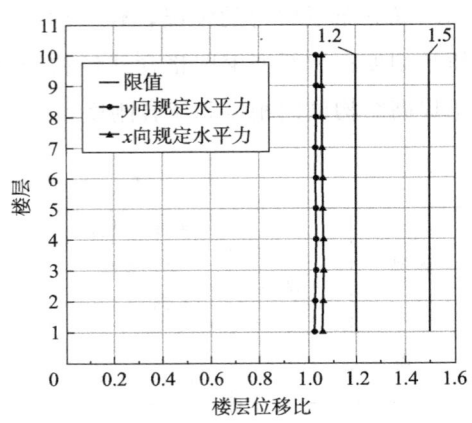

图 5.9 钢框架结构楼层位移比

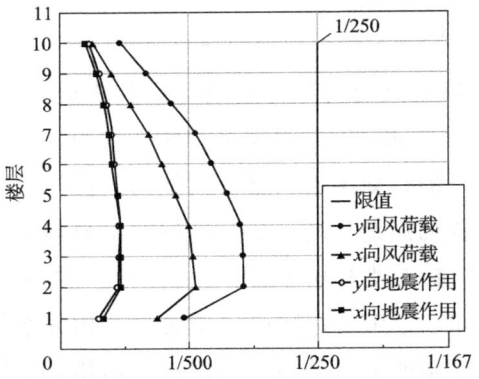

图 5.10 新型钢网格盒式结构层间位移角

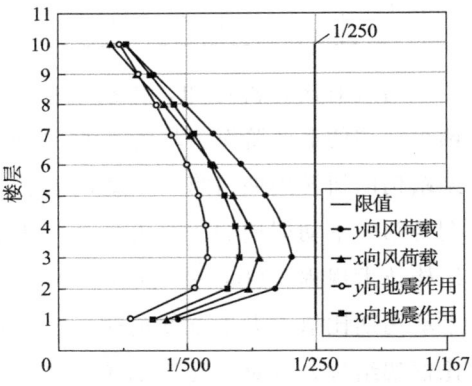

图 5.11 钢框架结构层间位移角

在各种工况下 x 向和 y 向最大层间位移角有明显差距，这是因为"品"字形平面布局导致 x 向和 y 向的抗侧刚度有显著差异。两种结构风荷载产生的最大层间位移角明显大于地震作用下的层间位移角，表明在高层风荷载工况下结构的侧向变形起主要控制作用。

由图 5.12 和图 5.13 所示两种结构在相同工况下同一方向的顶层位移可知，盒式结构中网格式墙架的抗侧性能明显优于采用柱间支撑的钢框架柱的抗侧体系；在相同的抗侧刚度条件下，盒式结构减少了大量中柱，采用周边密柱的网格式墙架，进一步缩小了周边网格式墙架柱子的截面尺寸，具有良好的经济性。

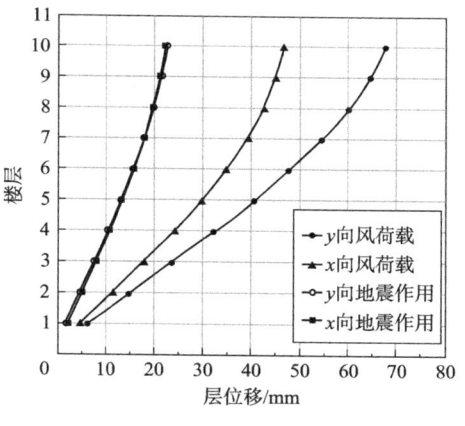

图 5.12 新型钢网格盒式结构层位移

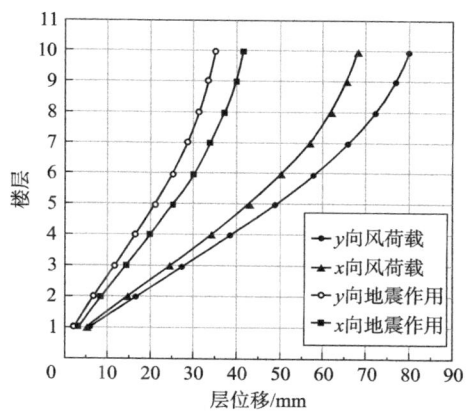

图 5.13 钢框架结构楼层位移

5.3.3 侧向刚度比和剪力比

为避免高层建筑下部楼层出现结构软弱层,《建筑抗震设计规范》(GB 50011—2010)第 3.4.3 条表 3.4.3-2 规定了结构相邻楼层侧向刚度比,用于判断结构竖向刚度变化的规则性:某层与上部相邻层侧向刚度比不宜小于 0.7,与相邻上部三层刚度平均值比值不宜小于 0.8。两种结构的刚度比如图 5.14 和图 5.15 所示。分析可知,两种结构均满足规范对于结构刚度比的要求,钢框架结构由于 1 层和 2 层、3~5 层、6~8 层、9 层等为不同标准层,随楼层数增大钢柱几何尺寸减小,因此楼层刚度存在明显的突变,在标准范围内曲线出现凸起;组合钢网格盒式结构虽然也存在竖向刚度突变,但由于双层层间梁和边框楼盖空腹梁的作用,其刚度分布更为均匀和合理。

《高层建筑混凝土结构技术规程》(JGJ 3—2010)第 3.5.2-2 条规定:对于框架-剪力墙结构、板柱-剪力墙结构、剪力墙结构、框架-核心筒结构、筒中筒结构,楼层与其相邻上层的侧向刚度比不宜小于 0.9;当本层层高大于相邻上层层高的 1.5 倍时,该比值不宜小于 1.1;对于结构底部嵌固层,该比值不宜小于 1.5。由图 5.16 和图 5.17 可知,对于底部嵌固层,两种结构体系均满足结构刚度比值不宜小于 1.5 的要求,在竖向新型盒式结构比钢框架结构刚度分布更为均匀。

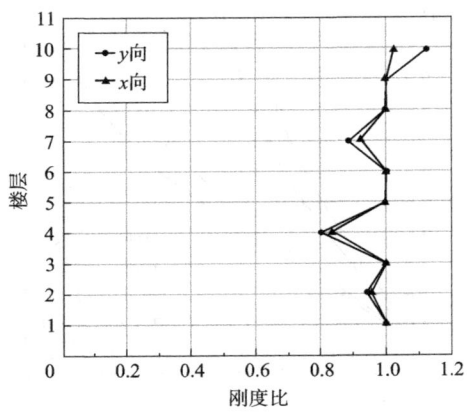

图 5.14 新型钢网格盒式结构刚度比
（根据《建筑抗震设计规范》计算）

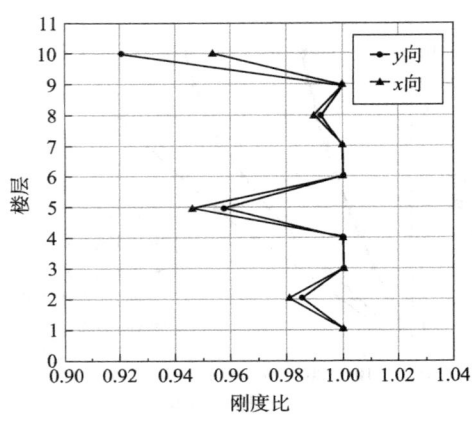

图 5.15 钢框架结构刚度比
（根据《建筑抗震设计规范》计算）

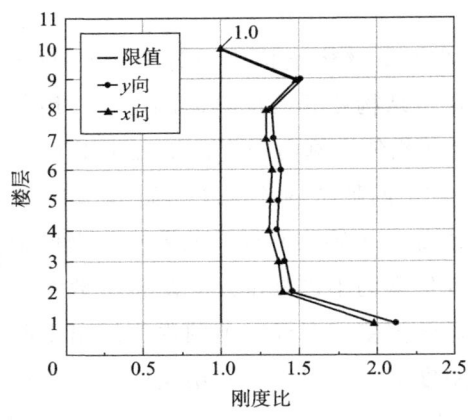

图 5.16 新型钢网格盒式结构刚度比
（根据《高层建筑混凝土结构技术规程》计算）

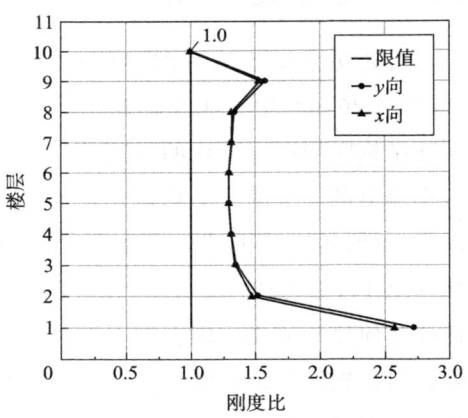

图 5.17 钢框架结构刚度比
（根据《高层建筑混凝土结构技术规程》计算）

《高层建筑混凝土结构技术规程》（JGJ 3—2010）第 3.5.3 条规定：A 级高度的高层建筑，楼层抗侧力结构的层间受剪承载力不宜小于其相邻上一层受剪承载力的 80%，不应小于其相邻上一层受剪承载力的 65%；B 级高度的高层建筑，楼层抗侧力结构的层间受剪承载力不应小于其相邻上一层受剪承载力的 75%。根据 A 级结构的限值条件，两种结构并无楼层承载力突变的情况，楼层抗剪刚度均满足竖向抗剪刚度分布的要求。组合空腹楼盖受力分布更为均匀，结构柱随着楼层高度变截面分布，其抗剪刚度逐层减小，而传统框架结构为满足柱腹板型钢梁的负弯矩作用,其竖向变截面设计更为保守,在变截面设计时需考虑局部受力的影响(图 5.18、图 5.19)。

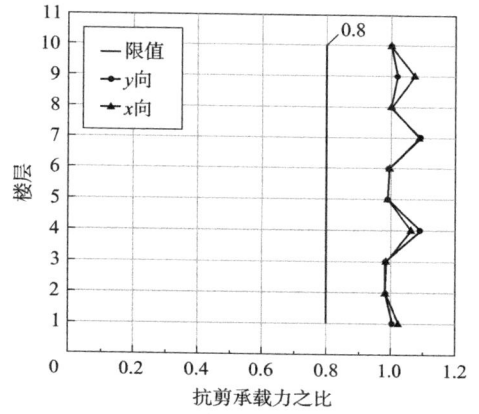

图 5.18　新型钢网格盒式结构抗剪承载力之比　　图 5.19　钢框架结构抗剪承载力之比

5.3.4　用钢量分析

计算和分析可知,采用装配式倒置 T 型钢-混凝土组合空腹夹层板楼盖的钢网格盒式结构能够满足规范的设计要求。与传统的钢框架结构相比,新型钢网格盒式结构在网格墙体与组合空腹楼盖刚性连接条件下具有较好的抗侧刚度,整体式楼盖结构比传统钢框架楼盖受力分布更为均匀,结构在平面上可以自由划分,有利于空间的合理利用。

对于特定的建筑平面布局,结构方案除了要满足设计规范要求之外,还需要考虑不同结构类型的经济性。传统钢框架结构在高层建筑中需做到有墙必有梁,在一定程度上存在受力不均带来的型材浪费,而组合空腹楼盖将墙体折算成均布活荷载后,可以实现户型内部空间的自由隔断和划分。在高层办公商业建筑中,空腹楼盖还可以实现管线在空腹内部自由穿越,节省了楼盖吊顶的厚度,有效降低楼层高度。图 5.1 和图 5.3 中给出了两种结构高层建筑标准层的平面图。图 5.3 中,除柱头垂直相交的梁采用实腹梁 SF3 外,未标注的空腹梁截面均采用 KF1 截面,楼梯间均采用型钢构件,剪力键均采用□150mm×6mm 的截面。两种结构的首层楼盖材料用量见表 5.3 和表 5.4,其中包含了两种结构标准层中型钢构件总的用钢量及单位面积的用钢量。

表 5.3 钢框架结构首层楼盖材料用量

构件	构件规格尺寸/mm	长度/m	单位长度质量/(kg/m)	质量/kg
GKL1	HN300×150×8×12	116.40	45.59	5 306.68
GKL2	HN250×125×6×9	24.41	28.59	697.89
GKL3	HN350×150×6×10	11.00	39.09	430.00
GKL4	HW300×300×10×15	6.10	91.84	560.23
GCL1	HN250×125×6×9	19.90	28.59	509.25
GCL2	HW300×300×6×8	9.00	51.05	459.45
GCL3	HN300×150×6.5×9	8.50	35.58	302.43
GCL4	双□50×37×4.5×7	2.10	13.52	28.40
ZC1	□150×6	12.35	27.13	335.06
ZC2	□150×8	9.98	35.67	355.99
GKZ1	□350×350×12	28.35	127.35	3 610.37
GKZ2	□250×250×8	22.05	60.79	1 340.42
GKZ3	□300×300×10	18.90	91.06	1 721.04
GKZ4	□150×300×10	3.15	67.51	212.66
GKZ5	□250×350×12	6.30	108.51	683.62
GKZ6	□250×350×10	6.30	91.06	573.68
GKZ7	□150×400×14	3.15	114.73	361.40
GKZ8	□400×400×14	3.15	169.68	534.49
GGZ1	H300×150×6×8	3.15	32.21	101.47
用钢量指标	—	231.22m²	78.39kg/m²	18 124.53

表 5.4 盒式结构首层构件材料用量

构件	构件规格尺寸/mm	长度/m	单位长度质量/(kg/m)	质量/kg
KFL1（KFL2）	双 T62.5×125×6.5×9	468.60	11.56	5 417.02
SFL3	双 T62.5×125×6.5×9 (—168×750×6.5)	21.60 (16 块)	11.56 (6.38kg/块)	249.70
JLJ1	□150×6	19.698	27.13	534.41
CJL	HN200×100×5.5×8	134.40	20.50	2 775.2
横隔板 1	—138×138×10	— (134 块)	— (1.485kg/块)	198.99

续表

构件	构件规格尺寸/mm	长度/m	单位长度质量/(kg/m)	质量/kg
横隔板2	—230×230×10	— (46块)	— (4.126kg/块)	198.05
GKL1	HN350×200×8×12	3.35	58.15	194.80
GKL2	HN350×200×8×10	6.70	52.12	349.21
GL1	HN350×150×6×10	3.40	39.09	132.91
GL2	HN250×125×6×9	4.70	32.12	150.97
GL3	H250×150×6×8	7.20	29.86	215.00
KZ1	□250×250×12	25.20	89.67	2 259.69
KZ2	□250×250×10	31.50	75.36	2 373.84
KZ3	□250×250×8	6.30	60.79	382.98
用钢量指标	—	244.08m²	63.23kg/m²	15 432.77

分析两种结构首层楼盖用钢量可知，新型钢网格盒式结构的用钢量约为 63.23kg/m²，而传统钢框架结构用钢量为 78.39kg/m²，新型钢网格盒式结构相比传统钢框架节约用钢量 19.34%。综合来看，新型钢网格盒式结构通过抽空中柱节省用钢量的同时，抗侧构件均匀分布于结构周边形成筒体，达到了较好的抗侧刚度，具有明显的经济效益。

5.4 小 结

本章以拟建小高层商品房项目为背景，将新型钢网格盒式结构与传统钢框架结构进行对比分析，得出了如下结论：

1) 新型钢网格盒式结构采用模块化设计，工业化批量生产，能显著减少现场施工的作业量，与传统钢框架结构相比，节省了成本，施工效率更高。

2) 在地震力和风荷载的作用下，两种结构均呈现剪切型变形特征，盒式结构采用双层层间梁和空腹楼盖边框空腹梁组成的网格式墙架，与传统框架结构相比提高了抗侧刚度，抗侧性能更好，在高层建筑中具有广泛的应用前景。

3) 在同样满足室内净空的条件下，采用新型钢网格盒式结构比传统的钢框架结构能减少用钢量，同时能显著改善框架结构中截面类型较多的情况，减少了采购成本。同时，其空腹空间便于管线的布置，在减小楼盖厚度的同时节约了吊顶龙骨的成本，具有明显的经济效益。

4）新型钢网格盒式结构采用大开间的楼面布局，可采用轻质隔墙灵活隔断，便于建筑空间合理规划，在设计使用荷载范围内能满足业主对于不同使用功能的需求。

第6章 结论与展望

6.1 结论及建议

本书在传统的钢空腹夹层板楼盖基础上改型，提出了一种新的楼盖结构形式，即装配式倒置T型钢-混凝土组合空腹夹层板楼盖结构。采用连续化分析方法和有限元计算方法，对连续化理论在这种结构中的应用进行验证。提出了该种结构的加工和制作方法，并通过足尺模型试验和有限元模型探究正常使用极限状态下的承载力，模拟其极限荷载下的破坏形态，评估该种结构的安全性和应用前景。通过参数化分析进一步讨论各种参数对结构刚度和承载力的影响，提出该种装配式组合楼盖的设计原理和方法。对该种结构的动力特性和舒适度进行试验研究，结果表明该种结构舒适度状况满足规范和行业标准的要求。针对新型组合楼盖与实际工程中框架结构方案进行对比分析，验证了该种结构抗震性能较好，且具有良好的经济性。本书主要研究结论和建议如下：

1）装配式倒置T型钢-混凝土组合空腹夹层板楼盖与传统空腹夹层板楼盖相比减小了楼盖结构的厚度，采用模块化设计方案，由工厂预制，现场拼装，简化了施工流程，减少了现场作业量，节省了模板开支，是一种绿色、低碳、环保的结构形式，有着广阔的应用前景。

2）对新型装配式楼盖进行连续化分析，将结果与有限元分析结果进行对比，可知两者一致性较好，表明连续化分析方法的精度较高，可为新型装配式楼盖提供理论支撑。

3）对新型装配式楼盖进行全尺寸静力试验，发现楼盖整体上肋T型钢与表层混凝土叠合板组合作用良好，共同受力、协同变形，楼盖整体变形特征以弯曲变形为主，符合板的受力特征。

4）对新型楼盖进行正常使用极限状态下的加载试验，可知在满足$L/250$变形条件下型钢未发生破坏，跨中混凝土叠合板未被压碎，表明该种结构具有较好的刚度。

5）对新型楼盖进行破坏性试验，可知楼盖具有较大的弯曲变形能力，安全冗余度较大。在荷载作用下正弯矩区混凝土在受压中未出现屈服，钢网格构件下弦最大拉应力出现在柱上板带的下肋交汇点，表明在加劲板作用下柱上板带相比跨中板带具有更大的刚度；负弯矩区在柱头和周边四角混凝土出现裂缝，表明叠合层内纵筋在负弯矩作用下有助于提高楼盖刚度，在支座位置提高负筋的配筋率可以减缓表面裂缝开展；柱头空腹梁加劲板具有较大的抗剪作用，可显著提高负弯矩区的抗剪和抗弯刚度。

6）通过对楼盖进行参数化分析可知，加大楼盖厚度及下肋截面面积比增大剪力键截面厚度对于提高楼盖的抗弯刚度作用更为显著。

7）对空腹楼盖的组合梁采用塑性承载力设计方法，推导出其正弯矩区和负弯矩区塑性抗弯承载力计算公式，简化空腹梁抗剪承载力计算方法，可为组合空腹梁的承载力设计提供新的理论支撑。

8）采用传统的实用分析方法中的等刚度折算方法计算获得整体弯矩，可与塑性承载力设计方法形成互补和验证，为组合空腹楼盖设计提供依据。

9）新型组合空腹夹层板楼盖在高层建筑中应用时，与网格式墙架组合形成新的盒式结构，在降低层高的同时可显著提高盒式结构的抗侧刚度，在总设计标高一定的情况下可增加楼层数，增大建筑使用面积，提高经济效益。

10）对新型组合空腹楼盖结构进行动力特性测试和分析可知，新型楼盖具有较高的一阶自振频率，前几阶自振频率出现频率跳跃现象，高阶相近自振频率比较密集，属于模态密集结构；在多种人致激励工况下其振动加速度均满足民用建筑对于舒适度的要求。

11）针对实际工程比较了传统钢框架结构设计方案与新型组合空腹夹层板盒式结构整体性能指标，验证了新型结构的适用性和良好的应用空间及前景。

6.2 展　　望

装配式倒置 T 型钢-混凝土组合空腹夹层板楼盖是一种新型组合楼盖，可与网格式墙架组合形成新的盒式结构，在高层中建筑中具有广阔的应用前景。

本书虽详细介绍了这种新型组合楼盖的制作方法，评估了其安全性能及舒适度，提出了其承载力设计方法，解决了一些关键问题，但仍存在一些不足，需要在后续的工作中进一步开展以下研究：

1）基于塑性理论的抗弯承载力计算中，需进一步确定混凝土叠合板中提供刚度贡献的翼缘板的宽度 b_e。后期需要修正组合结构设计中组合梁翼缘宽度的计算方法，更好地用于组合空腹梁宽度的计算。

2）分析新型装配式大跨度楼盖与网格式墙架组成的盒式结构在高地震烈度地区运用的可能性，对该种结构进行罕遇地震作用下的各项指标验算，探究其抗震性能，找出结构的薄弱环节，并针对薄弱环节提出设防和构造措施，改善其在高地震烈度地区的适用性。

3）对组合楼盖中的方钢管剪力键的受力特征需进行深入研究，探究在空腹高度较高时，在加劲板作用下剪力键的内力变化趋势，为剪力键设计提供理论支撑。

4）对新型楼盖装配式施工进行模拟分析，建立可行的施工工法、吊装方案和脚手架支撑方案，确保装配和施工过程安全可靠。

5）在组合楼盖负弯矩区，在剪力和弯矩双重作用下，需对组合楼盖中叠合板对楼盖的抗剪承载力的贡献进行深入研究。

参 考 文 献

[1] NIE J G, WANG J J, GOU S K. Technological development and engineering applications of novel steel-concrete composite structures [J]. Frontiers of Structural and Civil Engineering, 2019(13):1-14.

[2] CAI S, MA Z, SKIBNIEWSKI M J, et al. Construction automation and robotics for high-rise buildings over the past decades: a comprehensive review [J]. Advanced Engineering Informatics, 2019(42):100989.

[3] FU Q N, TAN K H. Steel-concrete composite floor systems with different structural and loading configurations under a corner column removal scenario: experimental tests [J]. Engineering Structures, 2021(244):112736.

[4] WAN Z Y, FANG Z, LIANG L N, et al. Structural performance of steel-concrete composite beams with UHPC overlays under hogging moment [J]. Engineering Structures, 2022(270):114866.

[5] LU K W, DU L P, XU Q H, et al. Fatigue performance of stud shear connectors in steel-concrete composite beam with initial damage [J]. Engineering Structures, 2023(276):115381.

[6] AHMED M S. Numerical study of the effects of web openings on the load capacity of steel beams with corrugated webs [J]. Journal of Constructional Steel Research, 2022(196):107418.

[7] DJEBLI B, KERDAL D E, ABIDELAH A. Additional and total deflection of composite symmetric cellular beams [J]. Journal of Constructional Steel Research, 2019(158):99-106.

[8] FELIPE P V F, CARLOS H M, SILVANA D N. Advances in composite beams with web openings and composite cellular beams [J]. Journal of Constructional Steel Research, 2020(172):106182.

[9] CHUNG K, LAWSON R M. Simplified design of composite beams with large web openings to Eurocode 4 [J]. Journal of Constructional Steel Research, 2001(57):135-164.

[10] LAWSON R M, LIM J, HICKS S J, et al. Design of composite asymmetric cellular beams and beams with large web openings [J]. Journal of Constructional Steel Research, 2006(62):614-629.

[11] VINICIUS M D O, ALEXANDRE R, FELIPE P V F. Stability behavior of steel-concrete composite cellular beams subjected to hogging moment [J]. Thin-Walled Structures, 2022(173):108987.

[12] CHEN S, LIMAZIE T, TAN J. Flexural behavior of shallow cellular composite floor beams with innovative shear connections [J]. Journal of Constructional Steel Research, 2015 (106):329-346.

[13] GUO J G, SHI Q X, LI T G, et al. Mechanical performance of hybrid high-strength steel composite cellular beam under low cyclic loading [J]. Journal of Constructional Steel Research, 2023(203):107801.

[14] FELIPE P V F, RABEE S, LUIS F P S. EC3 design of web-post buckling resistance for perforated steel beams with elliptically-based web openings [J]. Thin-Walled Structures, 2022(175):109196.

[15] MARTIN C, WOLFGANG K, MARKUS S, et al. A mechanical design model for steel and concrete composite members with web openings [J]. Engineering Structures, 2019 (197):109417.

[16] YU N T, BOKSUN K, YUAN W B, et al. An analytical solution of distortional buckling resistance of cold-formed steel channel-section beams with web openings [J]. Thin-Walled Structures, 2019(135):446-452.

[17] FELIPE P V F, CARLOS H M, SILVANA D N. Assessment of web post buckling resistance in steel-concrete composite cellular beams [J]. Thin-Walled Structures, 2021(158): 106969.

[18] DARWIN D. Design of steel and composite beams with web openings. Steel design guide series 2—Steel and composite beams with web openings [M]. Chicago: American Institute of Steel Construction, 1990.

[19] HUANG J Z, FU C J, YU Z Q. Impact resistance performance and simplified calculation method of web-opened steel beams under impact loads[J]. Journal of Constructional Steel Research, 2024(218):108688.

[20] LAWSON R M, SAVERA J A H A. Simplified elasto-plastic analysis of composite beams and cellular beams to Eurocode 4 [J]. Journal of Constructional Steel Research, 2011(67): 1426-1434.

[21] NARDIN S DE, DEBS A EL. State of the art of steel-concrete composite structures in Brazil [J]. Proceedings of the Institution of Civil Engineers-Civil Engineering, 2013(66):20-27.

[22] GOUCHMAN G H. Design of composite beams using precast concrete slabs in accordance with Eurocode 4 [M]. Chicago: American Institute of Steel Construction, 2014.

[23] GAO S, BAI Q, GUO L H, et al. Study on flexural behavior of spliced shallow composite beams with different shear connectors [J]. Engineering Structures, 2022(272):115018.

[24] KANG S B,XIONG G,FENG S Y,et al. Behaviour of glulam timber frames with different frames with different beam-column connections and braces under reversed cyclic loads[J]. Journal of Building Engineering,2022(49):104031.

[25] 马克俭,张华刚,郑涛.新型建筑空间网格结构理论与实践[M].北京:人民交通出版社,2006.

[26] 马克俭,韦明辉,李彬,等.装配整体式钢筋混凝土空腹网架结构的设计与研究[J].贵州工学院学报,1987,27(1):1-17.

[27] 张华刚,黄勇.空腹夹层板的拟夹层板分析法[J].贵州工业大学学报(自然科学版),1997(4):73-82.

[28] 张华刚,黄勇,马克俭.钢空腹夹层板在建筑楼盖改造中的应用[J].贵州工业大学学报(自然科学版),2003(32):1-7.

[29] 黄勇,马克俭,张华刚,等.钢筋混凝土空腹夹层板楼盖体系的研究与应用[J].建筑结构学报,1997,18(6):55-64.

[30] 黄勇,陈波,康宇.空腹夹层板的构造及连续化分析方法[J].贵州工业大学学报(自然科学版),1997,26(4):66-72.

[31] 黄勇,金玉,杨想红,等.组合空腹梁中钢管剪力键、钢肋及混凝土板节点应力分析[J].贵州科学,2005(23):20-37.

[32] 黄勇,杨想红,金玉.大跨度钢-混凝土组合空腹板的设计与施工[J].建筑结构,2005(33):18-32.

[33] 黄勇,宋佳.33m跨度组合空腹楼盖设计及测试[J].建筑结构学报,2006,27(2):88-93.

[34] 位翠霞.从刚度分析看空腹网架与空腹夹层板的力学本质[D].杭州:浙江大学,2007.

[35] 魏艳辉.装配整体式钢空腹夹层板网格结构及钢-混凝土协同式组合空腹夹层板楼盖结构的研究与应用[D].贵阳:贵州大学,2009.

[36] 林振杨.钢-混凝土组合空腹板结构受力性能和设计方法研究[D].北京:北京交通大学,2011.

[37] 孙涛.现浇石膏外墙多高层钢网格盒式节能住宅结构体系研究[D].天津:天津大学,2012.

[38] 姜岚,张华刚.异型钢空腹夹层板的舒适度分析[J].三峡大学学报,2014,36(1):60-63.

[39] 徐向东.正交正放钢-混凝土组合空间网格盒式结构研究与应用[D].长沙:湖南大学,2016.

[40] 卢亚琴.磷石膏辅材与钢筋混凝土空间网格框架结构的研究与应用[D].长沙:湖南大学,2015.

[41] 孙涛,何秋霖,马克俭,等.钢空腹夹层板结构基本力学性能[J].后勤工程学院学报,2016,32(5):10-16.

[42] 孙涛,刘宪庆,马克俭,等.钢空腹夹层板结构连续化分析[J].工业建筑,2016(1):608-615.

[43] LUAN H Q, MA K J, QIN Y, et al. Investigation on structural behavior of an innovative orthogonal – diagonal steel open – web sandwich floor system [J]. International Journal of Steel Structures，2016（19）：353 – 371.

[44] LUAN H Q,MA K J,QIN Y,et al. Investigation of the structural of an innovative steel open – web floor system [J]. International Journal of Steel Structures，2017(17)：1365 – 1378.

[45] 刘卓群,马克俭,肖建春,等.加劲板对钢空腹夹层板剪力键节点静力特性影响分析[J].建筑钢结构进展,2017(19)：29 – 37.

[46] 罗杰.组合梁及空腹板的抗冲击性能[D].贵阳：贵州大学,2018.

[47] 白志强.多层大跨度空间钢网格盒式结构的研究与应用[D].贵阳：贵州大学,2018.

[48] 姜岚.多层大跨度空间钢网格结构动力性能研究[D].长沙：湖南大学,2020.

[49] 曾伟益,罗杰,肖建春,等.钢空腹夹层板的连续倒塌性能分析[J].空间结构,2020,26(4)：83 – 90.

[50] 栾焕强.新型装配式空间钢网格盒式结构研究与应用[J].铁道建筑技术,2021(10)：21 – 24.

[51] 白志强,魏艳辉,陈靖,等.剪力键式空腹钢梁的肋杆设计方法[J].空间结构,2022(28)：86 – 96.

[52] 余芳,张华刚,马克俭,等.考虑桥面板空间组合作用的组合空腹夹层板桥刚度研究[J].应用力学学报,2022,39(1)：121 – 128.

[53] YU F,MA K J,YUAN B,et al. Experimental study of a new assembled integral concrete – steel open – web sandwich plate composite bridge [J]. Engineering Structures,2022(272)：115018.

[54] 黄勇.钢筋混凝土空腹夹层板的理论与实践[D].杭州：浙江大学,1998.

[55] 黄勇,戚欣,马克俭.空腹夹层板连续化分析的两种模型[J].贵州工业大学学报(自然科学版),2001,30(1)：88 – 95.

[56] 曹志远.厚板的振动方程[J].地震工程与工程振动,1981,1(1)：78 – 91.

[57] MINDLIN R D. Influence of rotary inertia and shear on flexural motions of isotropic，elastic plates [J]. ASME Journal of Applied Mechanics,1951(18)：31 – 38.

[58] 汤翔,刘新东,王效民,等.任意点支正交各向异性矩形板的重三角级数解[J].科技咨询导报,2007(27)：94 – 95.

[59] 杨球,刘芳.关于二重三角级数的研究[J].武汉理工大学学报(交通科学与工程版),2005,29(1)：126 – 128.

[60] 马俊,何南忠.关于二重三角级数的有关讨论[J].应用数学,2004,17(1)：155 – 159.

[61] 夏桂云,李传习,曾庆元,等.考虑剪切变形影响的框架稳定分析[J].工程力学,2009,26(3)：99 – 105.

[62] 金问鲁.高层建筑结构的连续化分析[M].北京：中国铁道出版社,1994.

[63] 朱杰江.框架结构的等效剪切刚度[J].河海大学常州分校学报,2000(3)：20 – 23.

[64] 中华人民共和国住房和城乡建设部.混凝土结构设计规范(GB 50010—2010)[S].北京:中国建筑工业出版社,2010.

[65] 中华人民共和国住房和城乡建设部.钢结构设计标准(GB 50017—2017)[S].北京:中国建筑工业出版社,2017.

[66] WILLAM K,WARNKE E P. Constitutive models for the triaxial behavior of concrete[J]. IABSE Proceeding,1975(19):1-30.

[67] HOGNESTAD E,HANSON N W. Concrete stress distribution in ultimate strength design[J]. ACI Journal Proceeding,1995(52):455-479.

[68] VINICIUS M D O,VINICIUS B D S,AlEXANDRE R,et al. Steel-UHPC composite castellated beams under hogging bending: experimental and numerical investigation[J]. Engineering Structures,2025(331):120012.

[69] LIMAZIE T,CHEN S M. FE modeling and numerical investigation of shallow cellular composite floor beams[J]. Journal of Constructional Steel Research,2016(119):190-201.

[70] LIMAZIE T,CHEN S M. Effective shear connection for shallow cellular composite floor beams[J]. Journal of Constructional Steel Research,2017(128):772-788.

[71] Eurocode 4: design of composite steel and concrete structures, part 1-1: general rules and rules for buildings[S]. European Committee for Standardization,1994.

[72] LIMAZIE T,CHEN S M. Numerical procedure for nonlinear behavior analysis of composite slim floor beams[J]. Journal of Constructional Steel Research,2015(106):209-219.

[73] LIU B,LIU Y,JIANG L,et al. Flexural behavior of concrete-filled rectangular steel tubular composite truss beams in the negative moment region[J]. Engineering Structures,2020(216):110738.

[74] 湖南省住房和城乡建设厅.装配式空腹楼盖钢网格盒式结构技术规程(DBJ 43/T 351—2019)[S].北京:中国建筑工业出版社,2019.

[75] PAVIC A,REYNOLDS P. Vibration serviceability of long-span concrete building floors-part 1:review of background information[J]. Shock Vibration Digest,2022,34(3):191-211.

[76] ZHENG X,J M W,BROWN J. Modeling and simulation of human-floor system under vertical vibration[J]. Smart Structures and Integrated Systems International,2001(4327):513-520.

[77] CHEN J,WANG L,CHEN B,et al. Dynamic properties of human jumping load and its modeling:experimental study[J]. Journal of Sound and Vibration,2014,27(1):16-24.

[78] HUDSON M J,REYNOLDS P. Implementation considerations for active vibration control in the design of floor structures[J]. Engineering Structures,2012(44):334-358.

[79] JONES C A,REYNOLDS P,PAVIC A. Vibration serviceability of stadia structures subjected to dynamic crowd loads:a literature review [J]. Journal of Sound and Vibration,2011,330(8):153166.

[80] SALYARDS K A,HUA Y. Assessment of dynamic properties of a crowd model for human-structure interaction modeling [J]. Engineering Structures,2015(89):103-110.

[81] ERLINGSSON S,BODARE A. Live load induced vibrations in Ullevi stadium-dynamic dynamic soil analysis [J]. Soil Dynamics and Earthquake Engineering,1996,15(3):171-188.

[82] BRITO V D E,PIMENTEL R. Cases of collapse of demountable grandstands [J]. Journal of Performance of Constructed Facilities,2009,23(3):151-159.

[83] LEE S H,LEE K K,WOO S S,et al. Global vertical mode vibrations due to human group rhythmic movement in a 39 story building structure [J]. Engineering Structures,2013(57):296-305.

[84] BROWN J M W,MIDDLETON C J. Procedures for vibration serviceability assessment of high-frequency floors [J]. Engineering Structures,2008,30(6):1548-1559.

[85] CHEN J,ZHANG M S,LIU W. Vibration serviceability performance of an externally prestressed concrete floor during daily use and under controlled human activities [J]. Journal of Performance of Constructed Facilities,2015,30(2):04015007.

[86] 姜岚,张华刚.大跨度空腹夹层板楼盖基于舒适度要求的动力特性分析[J].空间结构,2014,20(3):56-60.

[87] MURRAY T M,ALLEN D E,UNGAR E E. Floor vibration due to human activity [M]. Chicago:American Institute of Steel Construction,1997.

[88] Bases for design of structures-serviceability of buildings and walkways against vibration:ISO 10137:2007 [S]. International Organization for Standardization,2007.

[89] 朱鸣,张志强,柯长华,等.大跨度钢结构楼盖竖向振动舒适度的研究[J].建筑结构,2008,38(1):72-76.

[90] YONG Y,LIN Y K. Dynamic response analysis of truss-type structural networks:a wave propagation approach [J]. Journal of Sound and Vibration,1992(156):27-45.

[91] 周晓峰,董石麟.巨型钢框架结构自振特性分析[J].建筑结构,2001,31(6):3-6.

[92] 郭永强,陈伟球,肖春文.复杂空间框架结构的自振特性分析[J].振动工程学报,2008,21(3):261-266.

[93] NAGEM R J,WILLIANMS J H. Dynamic analysis of large space structures using transfer mat-rices and joint coupling matrices [J]. Mechanics of Structure & Machines,1989(17):349-371.

[94] LV Q F,LU Y J,LIU Y. Vibration serviceability of suspended floor:full-scale experimental study and assessment[J]. Structures,2021(34):1651-1664.

[95] 李泉.人致激励下大跨人行桥及楼盖随机振动及优化控制[D].北京:清华大学,2010.

[96] 陆春华,金伟良,宋志刚.基于振动舒适度要求的混凝土板自振频率[J].建筑科学,2010(27):43-46.

[97] SANDUN D S,DAVID P T. Dynamic characteristics of steel-deck composite floors under human-induced loads[J]. Computer and Structures,2009(87):1067-1076.

[98] 李德葆,陆秋海.试验模态分析及其应用[M].北京:科学出版社,2001.

[99] 马永列.结构模态分析实现方法的研究[D].杭州:浙江大学,2008.

[100] 吴琴.装配式高层磷石膏-混凝土组合盒式结构研究与应用[D].贵阳:贵州大学,2019.

[101] 钟永力,张华刚,马克俭.空腹夹层板的自振特性分析[J].贵州大学学报(自然科学版),2014,31(1):104-107.

[102] 白志强,马克俭,孙涛,等.钢筋混凝土空腹夹层板的基本频率研究[J].工业建筑,2016,46(7):108-113.

[103] 尚洪坤,马克俭,代志旭,等.装配整体式正交正放 H 型空间钢网格楼盖在人致荷载下的振动研究与参数化分析[J].空间结构,2018,24(3):32-40.

[104] 曹树谦,张德文,萧龙翔.振动结构模态分析[M].天津:天津大学出版社,2001.

[105] 姚谦峰,常鹏.工程结构抗震分析[M].北京:清华大学出版社,2012.

[106] KERR S C,BISHOP N W M. Human induced loading on flexible stair-cases[J]. Engineering Structure,2001(23):37-45.

[107] 刘军进,肖从真,潘宠平,等.跳跃和行走激励下的楼盖竖向振动反应分析[J].建筑结构,2008,38(11):108-110.

[108] 栾焕强.多层大跨度正交斜放空间钢网格盒式结构性能研究与应用[D].天津:天津大学,2014.

[109] 姜岚,张华刚,袁波,等.行走激励下大跨度空腹夹层板结构振动舒适度分析[J].四川建筑科学研究,2012,38(1):108-110.

[110] JACOBSON L S. Steady forced vibration as influenced by damping[J]. Transactions of ASEM,1930,52(15):169-181.

[111] LOSS C,DAVISON B. Innovative composite steel-timber floors with prefabricated modular components[J]. Engineering Structures,2017(132):695-713.

[112] 才琪,马克俭,申波,等.基于振动舒适度要求的蜂窝形钢空腹夹层板楼盖自振频率分析[J].建筑科学,2017,33(5):1-7.

[113] 阳升,钱基宏,赵鹏飞,等.武汉火车站大跨度楼面结构振动舒适度研究[J].建筑结构,2009,39(1):28-30.

[114] 尚洪坤.大跨度装配整体式H型钢空间网格盒式结构研究与应用[D].贵州:贵州大学,2018.

[115] AISC. Steel design guide series 11:floor vibrations due to human activity [S]. Chicago, America,1997.

[116] 陈然,董力耘.中国大都市行人交通特征的实测和初步分析[J].上海大学学报(自然科学版),2005(3):1-7.

[117] ELLINGWOOD B, TALLIN B A. Structural serviceability:floor vibrations[J]. Journal of Structural Engineering, ASCE, 1984,110(2):401-418.

[118] OHLSSON S. Floor vibration and human discomfort [D]. Goteborg:Chalmers University of Technology, 1982.

[119] CSA. Canadian standard CAN3-S16.1-M89:steel structures for buildings—limit states design:appendix G,guide for floor vibrations [S]. Rexdale,Ontario,CSA,1989.

[120] MURRAY T M. Acceptability Criterion for Occupant Induced Floor Vibrations [J]. Engineering Journal,1981(2):62-70.

[121] MURRAY T M. Building Floor Vibrations [J]. Engineering Journal,1991(3):102-109.

[122] ALLEN D E,MURRAY T M. Design criterion for vibrations due to walking [J]. Engineering Journal,1991(4):117-129.

[123] ISO. Evaluation of human exposure to whole-body vibration-part 2:human exposure to continuous and shock-induced vibrations in buildings (1 to 80 Hz) [S]. International Standard ISO 2631-2,1989.

[124] ATC. Design guide 1:minimizing floor vibration [M]. Redwood City CA:Applied Technology Council,1999.

[125] BACHMAN H,AMMANN W. Vibration in structures induced by man and machine, structural engineering document 3 [M]. Zurich:International Association for Bridge and Structural Engineering,1987.

[126] WYATT T A. Design guide on the vibration of floors[M]. Berkshire,England:the Steel Construction Institute,1989.

[127] OHLSSON S V. Springiness and human-induced floor vibrations—a design guide, D12:1988 [M]. Stockholm,Sweden:Swedish Council for Building Research,1989.

[128] Standard BS EN 1991-1-1:Eurocode 1:actions on structures-part 1-1:general actions [S]. Technical Committee B/525,European,1991.

[129] Euro code—basis of structural design:EN1990 [S]. Technical Committee B/525,BS,2002.

[130] 中华人民共和国住房和城乡建设部.高层建筑混凝土结构技术规程(JGJ 3—2010)[S].北京:中国建筑工业出版社,2011.

[131] Load and resistance factor design specification for structural steel buildings: AISC - LRFD99 [S]. American Institute of Steel Construction, 1999.

[132] Commentaries to standard specifications for highway bridges [S]. AASHTO Commentaries, 2002.

[133] Steel, concrete and composite bridges: BS 5400 [S]. The Civil Engineering and Building Structures Standards Committee of British, 1983.